工程实验设计

主　编／李全贵　邹全乐　牟俊惠

重庆大学出版社

前言
Foreword

实验是一种科学手段，是以一定的假设为前提，利用各种仪器设备以及人工创造的条件，让各种现象及事物内在的关系和演变过程充分暴露，通过客观观察和测量，运用理论分析和数据处理，作出判断以论证这一假设的正确与否，或者进一步提出新的理论，发现新的规律。实验方案的合理性直接决定了实验内容是否切实反映研究核心问题、实验操作是否正确高效、实验数据是否客观可信、实验结果论是否具有代表性和适应性等。只有充分理解什么是实验、如何设计实验、怎么做实验、怎样分析实验，才能在实验工作中有效地理解实验现象，合理解释实验结果，进而才可能得出可靠的结论，推进科学和工程的发展。因此，实验在工程学在科学研究中是极其重要的一个环节。

据不完全统计，2000年以后出版的实验设计相关教材超过30本以上，但多以面向理科学生为主。为满足工程学学科学生学习需求，在现有市面上主流教材的基础上，通过章节布局优化、内容更新替换、增加工程案例，形成了本书的主要框架。本书强化了非常规实验设计方法，引入了相似实验原理，同时编入了机器学习、学术规范等内容，引导学生实验思维、学术技能以及学术素养的全面提升。

全书共分为3个部分，即实验设计方法、数据处理分析方法和结果呈现方式、大数据技术在实验设计与数据处理中的应用，共8章。

第1章　绪论，内容包括工程实验设计的概念、实验设计的要素和原则。

第2章　优选法，内容主要包括单因素实验设计理论，以及单因素、双因素优选法的方法体系。

第3章　正交实验设计，内容主要包括正交设计的基本原理，如何利用正交表进行正交实验设计的基本步骤，正交实验中结果的极差分析和方差分析方法，回归正交设计及其结果的直观分析；交互作用和混合水平正交实验设计方法，特别是不等数目水平、多指标、复杂条件下等非常规实验的正交设计理论。介绍了应用正交实验设计的工程案例。

第4章　均匀实验设计，内容主要包括均匀设计的来源和特点，均匀设计表的组成和构造，均匀实验设计的基本步骤，均匀设计实验结果分析过程中多类回归分析的使用方法；水平数量少或混合水平的均匀设计方法，以及均匀实验设计在矿产开采、岩石力学工程领域的应用案例。

第5章 相似实验设计,内容主要包括相似实验设计的特点,相似定理的内涵以及相似三定理,相似准则导出中方程分析方法和量纲分析法,工程实验中常见相似材料和配比的归纳总结。介绍了相似实验设计在边坡稳定性研究中的应用案例,以及如何根据实验数据创建相似经验公式。

第6章 实验数据的图表表示法,内容主要包括图表在实验数据展示和实验结果分析中的作用,列表法与图示法中多种方法的分类,数据分析时参考系的选择依据,EXCEL、SPSS和Origin等常用数据分析软件的使用方法,论文中图表设计的基本规范。

第7章 大数据在实验设计与数据处理中的应用,内容主要包括数据、大数据和数据挖掘概念在实验设计工作中的引入,数据挖掘对实验数据处理的意义,数据挖掘的工具门类,实验数据挖掘的基本流程和常用方法,并根据实验数据的特点探讨了数据挖掘在实验设计和工程应用中的前景。

第8章 实验报告和实验性论文的撰写,内容主要包括实验报告的作用及报告需包含的主要内容;实验性论文各部分的撰写方法和规范。

本书由李全贵、邹全乐和牟俊惠任主编,负责全书的内容组织、审阅和定稿。书稿编写过程中得到了李文禧、邓羿泽、刘继川、刘荣辉、栗小雨、李建波、郑雪雯、余长君、周俊江、彭淑悦等研究生的支持,他们参与了书稿文字、图表及公式的编写工作,宋明洋、赵政舵、冉启灿、王鑫、王明杰等研究生参与文档校稿,在此,对他们致以衷心的感谢。

本书可作为高等院校安全科学与工程、矿业工程等工科研究生以及工科本科专业实验设计的教材,也可供实验设计的工程技术人员参考。

由于编者水平有限,书中难免存在疏漏之处,敬请读者批评指正。

编 者

2024 年 1 月

目录
Contents

第1章

绪 论 ···○

1.1 工程实验设计的概念

实验设计在现代社会中发挥着极其重要的作用,涉及资源开发、农业科学、药物研制和电子商务等多种应用环境,其实施过程与结果是引领社会变革发展的关键。工程实验作为工程的重要组成部分,是指根据实际工程设计、建设和运行需求,对工程对象的某种机理、特性和工艺等所进行的评估和论证。受限于实验手段、时间和成本等因素,工程实验设计需要通过明确实验关注的影响因素,制订清晰的实验方法,得到客观的实验结果,并形成与实验目的相符的结果评价。

1.1.1 工程实验的主要内容与程式

实验是一种科学手段,是以一定的假设为前提,利用各种仪器设备以及人工创造的条件,让各种现象及事物内在的关系和演变过程在实验者面前充分暴露,通过客观的观察和测量,运用理论分析和数据处理,作出决策与判断,以论证这一假设正确与否,或者进一步提出新的理论,发现新的规律。可以说,实验是人为的、短期的和特殊形式的实践。实验可以复现现实中稍纵即逝、不易捕捉的事物,可以控制过程的进展,让那些需要认真观察和分析的过程暂停或重现,使人们的观察研究处于更加主动的地位;实验还可以采用先进手段对研究对象进行严密、完整、系统的测量和记录,然后进行综合分析与理性加工,以便人们实现从感性认识到理性认识的飞跃。如果说实验是发现规律、揭示事物本质的一种科学手段,那么工程实验则是针对某一特定的应用场景,考虑在实际因素的限制下,研究事物内在机理以及事物间相互作用的现实考查。

实验是一项目的明确、计划性强、严谨缜密的科学活动,因此要有一个严格的程式,即:

①有明确的实验目的和要求。

②应编写实验大纲,制订实验计划。

③明确实验过程的具体实施步骤并严格落实。

④最后进行理性归纳和撰写实验报告。

实验大纲的主要内容应包括:考查目标和测试参数;环境条件的要求、仪器设备及其规格;采样方式、测点布置、组合形式与重复要求;实验数据处理方法与实验分析的要求等。

影响和制约实验设计及实现的不仅有物质条件,还有思维模式,而对思维模式起主导作用的则是工程实验设计及其相关理论。

1.1.2　工程实验的现代特征

从广义系统论的观点考查,每个实验都可看作研究干扰条件下系统与输入、输出的关系,如图1.1所示。研究可分为系统辨识、系统分析、最优控制、最优设计与预测几种类型。

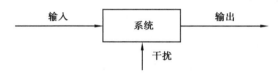

图1.1　实验系统状态

例如,在顶尖法测圆度误差的实验系统中,采样间隔就是一种输入,观测值是系统的输出,测量误差是干扰因素。如果数学模型已知,代入输入和输出值求得圆度误差,这属于系统分析问题。但回转偏心量是系统的模型参量,往往是未知的,就需要根据输入和输出值来估算求得。模型的参量估计则属于系统辨识问题。可见,通过一个实验,能够解决多种类型的问题,只有排除干扰,才能保证分析结论的精确性。

发展中的现代工程实验日益突出地表现了如下特征。

（1）整体化、定量化、优化

实验系统日趋复杂,研究对象、测试信号和模型参数种类繁多,因此必须对实验的各个环节作出多层次的有条理的整体规划,其中也包括实验方法进一步数字化的问题。目前电子计算机已经能够模拟并代替人脑的部分思维,其快速准确的演算能力带来了数学方法的革新,扩大了定量研究的范围,提供了一种"模拟试算"的崭新实验手段。同时,为了经济合理、快速可靠地进行各种实验,还需要有一套优化实验的理论与方法。

（2）实验软技术的作用日益重要

实验技术可分为硬技术和软技术两大部分。所谓硬技术,是指实验的物质手段,就是实验条件和使用的仪器设备。"硬"字意在它以物质形态存在,有确定的专业性规律;"技术"是指实验硬件有各自特定的结构原理和应用操作技术,是一种物化的智力。所谓软技术,是指选择、组织、分析、决策等"思维的技术"。例如,对测试指标和测试方法的选择、实验方案的拟订,以及对测试结果的数据处理和精度分析,等等。这些都体现了优化实验过程所使用的理论工具和思维方式。换句话说,软技术是应用知识和硬技术,在广阔的范围中选取各种知识单元,将它们交叉地、有机地结合起来构成新的功能,达到实验目的的技术。软技术的主体是现代应用数学,在思路和方法上打破了传统学科的局限,具有通用的灵活性。现代实验不仅要创造条件、复现过程、记录结果,而且要重在分析。

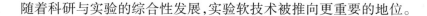

随着科研与实验的综合性发展,实验软技术被推向更重要的地位。

1.2 实验过程中的误差

在实验过程中,由于环境、实验条件、设备、仪器、实验人员认知能力等因素的限制,实验测得的数值和真值之间存在一定差异,这样的差异就是误差(error)。误差的存在具有普遍性和必然性,具体体现在误差可以逐渐减小,但不能完全消除。在实验设计中应尽量控制误差,将其降到最小,以提高实验结果的精确性。

1.2.1 实验误差

(1)系统误差(systematic error)

系统误差是由于偏离测量规定的条件,或测量方法不合适等引起的误差,是系统性偏差的结果。在相同实验条件下,多次测量同一测量值时,系统误差的绝对值和符号保持不变,或者条件改变时,按一定规律变化。例如,标准值和仪器刻度不准确引起的误差都是系统误差。

系统误差是由按确定规律变化的因素所造成的,这些误差因素是可以掌控的。具体来说,有 4 个方面的因素:

①测量人员:由于测量人员的个人特点,在刻度上估计读数时,习惯偏向某一方向;动态测量时,记录某一信号,有滞后的倾向。

②测量仪器装置:仪器装置结构设计原理存在缺陷,仪器零件制造和安装不正确,仪器附件制造有偏差。

③测量方法:采取近似的测量方法或近似的计算公式等引起的误差。

④测量环境:测量时的实际温度与标准温度的偏差,测量过程中温度、湿度等按一定规律变化引起的误差。

对系统误差的处理办法是发现和掌握其规律,然后尽量避免和消除。

(2)随机误差(random/chance error)

在同一条件下,多次测量同一量值时,绝对值和符号以不可预知方式变化的误差,称为偶然误差,即对系统误差进行修正后,还出现观测值与真值之间的误差。例如,仪器仪表中传动部件的间隙和摩擦、连接件的变形等引起的示值不稳定等都是偶然误差。这种误差的特点是在相同条件下,少量地重复测量同一个物理量时,误差时大时小,时正时负,没有确定的规律,且不可能预先测定。但是当观测次数足够多时,随机误差完全遵守概率统计的规律,即这些误差的出现没有确定的规律性,但就误差总体而言,却具有统计规律性。

随机误差是由很多暂时未被掌控的因素构成的,主要有 3 个方面:

①测量人员:瞄准、读数的不稳定等。

②测量仪器装置:零部件、元器件配合不稳定,零部件的变形,零件表面油膜不均匀,摩擦等。

③测量环境:测量温度的微小波动,湿度、气压的微量变化,光照强度变化,灰尘、电磁场变化等。

随机误差是实验者无法严格控制的,一般不可完全避免。

(3)过失误差(mistake error)

明显歪曲测量结果的误差称为过失误差。例如,测量者在测量时对错了标志、读错了数、记错了数等。凡包含过失误差的测量值称为坏值。只要实验者加强工作责任心,过失误差是可以避免的。

发生过失误差的原因主要有两个方面:

①测量人员的主观原因:测量者责任心不强,工作过于疲劳,缺乏经验,操作不当,或在测量时不仔细、不耐心等,造成读错、听错、记错等。

②客观条件变化的原因:测量条件意外改变(如外界振动等),引起仪器示值或被测对象位置改变而造成过失误差。

1.2.2　实验数据的精准度

误差的大小可以反映实验结果的好坏,误差可能是由随机误差或系统误差单独造成的,也可能是两者的叠加。为了说明这一问题,引入精密度、正确度和准确度3个术语对实验数据误差性质进行描述。

(1)精密度

精密度反映了随机误差的大小,是指在一定的实验条件下,多次实验数据的彼此符合程度。如果实验数据分散程度较小,则说明是精密的。例如,甲、乙两组对同一个量进行测量,得到两组实验值。其中甲组数据为:23.45、23.46、23.45、23.44;而乙组数据为:23.39、23.45、23.48、23.50。很显然甲组数据的分散性小于乙组,彼此符合程度优于乙组,故甲组数据的精密度较高。实验数据的精密度是建立在数据用途基础之上的,对某种用途可能是很精密的数据,对另一用途却可能是不精密的。例如,测得的直径为0.1 mm,对测量直径100 mm的挤压棒材而言很精密,但是对直径0.1 mm的挤压棒材而言则精密度很差。由于精密度表示随机误差的大小,因此,对于无系统误差的实验,可通过增加实验次数达到提高数据精密度的目的。如果实验过程足够精密,则只需少量几次实验就能满足要求。

(2)正确度

正确度反映系统误差的大小,是指在一定的实验条件下,所有系统误差的综合。由于随机误差和系统误差是两种不同性质的误差,因此对于某一组实验数据而言,精密度高并不意味着正确度也高;反之,精密度不高,但当实验次数相当多时,有时也会得到较高的正确度。精密度和正确度的区别和联系,可通过图1.2得到说明。测量的数据集合均集中在很小的范围内,但其极限平均值(实验次数无穷多时的算术平均值)与真值相差较大,那么该数据精密度高,正确度不高。如果测量的数据集合均集中在很大的范围内,且其极限平均值与真值相差非常小,那么该数据精密度不高,正确度高。如果测量的数据集合均集中在很小的范围内,且其极限平均值与真值相差非常小,那么此数据精密度和正确度都高。

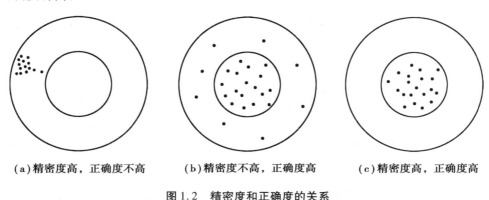

(a)精密度高,正确度不高　　(b)精密度不高,正确度高　　(c)精密度高,正确度高

图1.2　精密度和正确度的关系

(3)准确度

准确度反映了系统误差和随机误差的综合,表示实验结果和真值的一致程度。如图1.3 所示,假设 A、B、C 3 个实验都无系统误差,实验数据服从正态分布,并且对应着同一个真值,则可以看出 A、B、C 的精密度依次降低;由于无系统误差,3 组数据的极限平均值均接近真值,即它们的正确度是相当的;如果将精密度和正确度综合起来,则 3 组数据的准确度从高到低依次为 A、B、C。

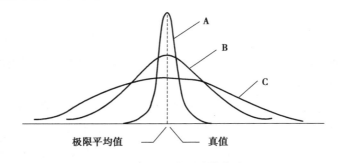

极限平均值　　真值

图1.3　无系统误差的实验

通过上述讨论可知:①对实验结果进行误差分析时,只讨论系统误差和随机误差两大类,而坏值在实验过程和分析中随时剔除;②一个精密的测量(即精密度很高,随机误差很小的测量)可能是正确的,也可能是错误的(当系统误差很大,超出了允许的限度时)。因此,只有在消除了系统误差之后,随机误差越小的测量才是既正确又精密的,此时称它是精确(或准确)的测量,这也正是人们在实验中要努力达到的目标。

如图 1.4 所示,假设 A′、B′、C′ 3 个实验都有系统误差,实验数据服从正态分布,而且对应着同一个真值,则可以看出 A′、B′、C′ 的精密度依次降低。由于都有系统误差,3 组数据的极限平均值均与真值不符,因此它们是不准确的。但是,如果考虑到精密度因素,则图 1.4 中 A′ 的大部分实验值可能比图 1.3 中 B 和 C 的实验值要准确。

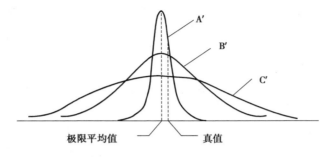

图 1.4　有系统误差的实验

1.2.3　坏值及其剔除

在实际测量中,由于偶然误差的客观存在,所得的数据总存在一定的离散性。但也可能由于过失误差出现个别离散较远的数据,这些个别数据通常称为坏值或可疑值。如果保留了这些数据,由于坏值对测量结果的平均值的影响往往非常明显,故不能以其作为真值的估计值。反过来,如果把属于偶然误差的个别数据当作坏值处理,也许暂时可以报告出一个精确度较高的结果,但这是虚伪的、不科学的。

对于可疑数据的取舍一定要慎重,一般处理原则如下:

①在实验过程中,若发现异常数据,应停止实验,分析原因,及时纠正错误。

②实验结束后,在分析实验结果时,若发现异常数据,则应先找出产生差异的原因,再对其进行取舍。

③在分析实验结果时,若不清楚产生异常值的原因,则应对数据进行统计处理,常用的统计方法有拉依达准则、肖维勒准则、格拉布斯准则、狄克逊准则、t 检验法、F 检验法等;若数据较少,则可重做一些数据。

④对于舍去的数据,在实验报告中应注明舍去的原因或所选用的统计方法。

总之,对待可疑数据要慎重,不能任意抛弃或修改。往往通过对可疑数据的考查,可以发现引起系统误差的原因,进而改进实验方法,有时甚至可以得到新实验方法的线索。

1.3　实验设计的要素与原则

1.3.1　实验设计的基本概念

实验设计包括优选实验因素,选择因素的水平,确定实验指标。

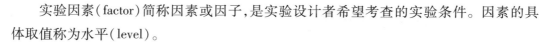

实验因素(factor)简称因素或因子,是实验设计者希望考查的实验条件。因素的具体取值称为水平(level)。

处理(treatment)是按照因素的给定水平对实验对象所做的操作。

实验单元是指接受处理的实验对象。

实验指标是衡量实验结果好坏程度的指标,也称响应变量(response variable)。

比如,在研究轧制工艺对 Al-Mg-Al 叠层复合材料结合强度影响时,轧制温度、坯料预热处理工艺、压下率等属于因素;轧制温度的具体取值 300、350 ℃等为水平值;以轧制温度 300 ℃、坯料双级固溶处理、压下率 20% 这样的一组工艺组合进行轧制是一次处理;铝合金、镁合金板为实验单元;轧制之后测得的结合强度为实验指标。

1.3.2 实验设计的三要素

实验设计三要素是指实验因素、实验单元和实验效应。

(1)实验因素

实验设计的一项重要工作就是确定可能影响实验指标的实验因素,并根据专业知识初步确定因素水平的范围。若在整个实验过程中影响实验指标的因素很多,就必须结合专业知识,对众多的因素作全面分析,区分哪些是重要的实验因素,哪些是不重要的实验因素,以便选用合适的实验设计方法妥善安排这些因素。

(2)实验单元

接受实验处理的对象或产品就是实验单元。在工程实验中,实验对象是材料和产品,只需要根据专业知识和统计学原理选用实验对象。特别地,在医学和生物实验中,实验单元也称受试对象,选择受试对象不仅要依照统计学原理,还要考虑生理和伦理等问题,这些问题有可能导致实验单元在客观特征和主观性格等方面存在差异。

相似地,对于其他研究领域的实验单元,各实验单元之间也会存在一定差异。例如,在岩土工程领域,受材料各向异性和非均质性的影响,实验单元在微观组成成分、细观内部结构和宏观物理特性方面均可能存在差异。这些差异都会对实验结果产生影响,这些影响是不能完全被消除的,可以通过采用随机化设计和区组设计而降低其影响程度。

(3)实验效应

实验效应是反映实验处理效果的标志,它通过具体的实验指标来体现。与对实验因素的要求一样,要尽量选用定量的实验指标,不用定性的实验指标。另外要尽可能选用客观性强的指标,少用主观指标。有一些指标的来源虽然是客观的,但是在判断上也受主观影响,称为半客观指标,对这类半客观指标一定要事先规定所取数值的严格标准,必要时还应进行统一的技术培训。

1.3.3 实验设计的四原则

费希尔在实验设计的研究中提出了实验设计的 3 个原则,即随机化原则、重复原则和局部控制原则。一个多世纪以来,实验设计得到迅速的发展和完善,这 3 个原则仍是指导实验设计的基本原则。同时,人们通过理论研究和实践经验对这 3 个原则给予了进一步的完善,把局部控制原则分解为对照原则和区组原则,提出了实验设计的 4 个基本原则,即随机化原则、重复原则、对照原则和区组原则。目前,这四大实验设计原则已经是被人们普遍接受的保证实验结果正确性的必要条件。随着科学技术的发展,这四大原则的内容也在不断发展完善之中。

随机化原则是指每个处理以概率均等的原则,随机地选择实验单元。例如,有 A、B两种热处理方式,将 30 件试样分为两组,A 组 15 只,B 组 15 只。在实际分组时可以采用抽签的方式,把 30 件试样按任意的顺序编为 1~30 号,用相同的纸条分别写上 1~30,从中随机抽取 15 个号码,对应的 15 件试样分给 A 组,其余 15 件分给 B 组。

重复原则是指相同实验条件下的独立重复实验的次数要足够多。例如,测金属材料的硬度时,科研人员一般会测 3 个点以上求平均值,这就是一种重复原则的应用。由于个体差异等影响因素的存在,同一种处理对不同的受试对象所产生的效果不尽相同,其具体指标的数值必然有高低之分。只有在大量重复实验的条件下,该处理的真实效应才会比较确定地显露出来。因此在实验研究中必须坚持重复原则。重复通常有 3 层含义,分别是重复实验、重复测量和重复取样。

对照原则是指在实验中设置与实验组相互比较的对照组,给各组施加不同的处理,然后分析、比较结果。对照的形式有多种,可根据研究目的和内容加以选择,常用的有空白对照、实验条件对照、标准对照、自身对照、历史对照和中外对照。

区组原则是指将人为划分的时间、空间、设备等实验条件纳入实验因素中。例如,在测试材料抗拉强度时各个型号的万能实验机存在一定的差异,如果在设计实验方案时也考虑万能实验机型号的影响则是采用了区组原则。另外,通常把人为划分的时间、空间、设备等实验条件称为区组。

实验设计的 4 个原则之间有密切的关系,区组原则是核心,贯穿于随机化原则、重复原则和对照原则之中,相辅相成、互相补充。有时仅把随机化原则、重复原则和对照原则称为实验设计的 3 个原则,这并不是意味着区组原则不是重要的原则,而是区组原则是贯穿于这 3 个原则之中的一个原则。

(1)区组原则与随机化原则的关系

按照实验中是否考查区组因素,随机化设计分为完全随机化设计和随机化区组设计两种方式。

完全随机化设计中每个处理随机地选取实验单元,这种方式适用于实验的例数较大或实验单元差异很小的情况。例如,在 AZ91D 镁合金不同表面处理对其耐腐蚀性能影响的实验中,把从镁合金压铸件上切割下来的 100 块试样,进行无表面处理、合金化学镀、阳极氧化、微弧氧化这 4 种处理,每种处理随机地选出 25 块试样作为实验单元。在具体实施随机化分组时,仍然可以采用抽签的方法,把 100 块试样按任意顺序以 1~100 编号,用外形相同的纸条写好 1~100。首先随机地抽出 25 个号码,这 25 个号码对应的试样分配给第 1 个处理。然后从剩余的 75 个号码中随机抽出 25 个号码,对应的试样分配给第 2 个处理。接着从剩余的 50 个号码中随机抽出 25 个号码,对应的试样分配给第 3 个处理。最后剩余的 25 个试样分配给第 4 个处理。有些实验的实验单元之间本身差异很小或不能事先判断其差异,例如,考查某种铸件的抗冲击力实验,用几个不同的冲击力水平对铸件做实验,铸件的抗冲击力不能事先判断,只能采用完全随机化方法分配实验单元。

在大豆施氮肥的 4 个水平的实验中,如果实验地块仅分为 16 块,这时采用完全随机化设计,不同处理所分配到的地块土壤的性状就会好坏不均,导致实验结果不真。这时就要采用随机化区组设计,使好地块和差地块在几个处理中均衡分配。在这个实验中地块的好坏是区组因素,按照随机化区组设计的要求在选取的 16 个实验地块中要分别包含 8 个好地块和 8 个差地块。4 个施肥量的处理则分别随机选取 2 个好地块和 2 个差地块。这种方式就是随机化区组设计,其目的就是把性状不同的实验单元均衡地分配给每个处理。

实验的各处理和各区组内的实验次数都相同时称为平衡设计。平衡设计也是实验设计的一种基本思想,这样做有利于实验数据的统计分析。

(2)区组原则与重复原则的关系

重复是指在相同条件下对每个处理所做的两次或两次以上的实验,其目的是消除并估计实验的误差。实验的重复次数和区组因素有关,例如,前面的大豆施肥量的实验中,实验地块分为 16 块,如果不考虑地块好坏的区组因素,这时 4 种施肥量的处理中每个处理都分配到 4 个实验地块,重复次数为 4 次;如果考虑地块好坏的区组因素,按随机化区组设计方法,每个处理都分配到 2 个好地块和 2 个差地块,是重复次数为 2 次的重复实验;如果地块好坏这个区组因素按照好、一般、差和很差分为 4 个水平,这时按照随机化区组设计每个处理中分配到的好、一般、差和很差的地块都是各有 1 个,就是无重复的实验了。

(3)区组原则与对照原则的关系

区组原则与对照原则之间既有相同也有差异。

区组原则与对照原则的相同:同属于费希尔提出的局部控制原则,都是将实验单元按照某种分类标准进行分组,使同组的实验单元尽量接受同样的处理,以减少组内实验条件的差异。

区组原则与对照原则的差异:从适用的范围看,对照原则仅针对比较实验,而区组原则既适用于比较实验也适用于优化实验；从实验中的作用看，比较实验的目的就是检验处理组和对照组之间是否有显著差异，而对照组可以看作处理因素的一个水平，例如，在AZ91D 镁合金不同表面处理实验中，没处理的就是空白对照组。在统计分析中，对照组的比较实验属于单因素实验。而区组因素看作影响实验指标的其他因素，与实验因素共同构成多因素实验。因此，在统计分析中，区组设计属于两因素或多因素实验。另外，在考虑区组因素的比较实验中，处理组和对照组要按照相同的区组因素分配实验单元，这样实验结果才有可比性。

第2章
优选法 ○

在生产和科学实验中,人们为了达到优质、高产、低消耗等目的,需要对有关因素(如配方、配比、工艺操作条件等)的最佳点进行选择,所有这些选择点的问题,都称为优选问题。

所谓优选法(optimum seeking method),就是根据生产和科研中的不同问题,利用数学原理,合理地安排实验点,减少实验次数,以求迅速地找到最佳点的一类科学方法。优选法可以解决那些实验指标与因素间不能用数学形式表达,或虽有表达式但很复杂的问题。

2.1 单因素优化实验设计的适用性

单因素实验是只对一个因素进行实验,而将其他因素都固定。采用这种方法必须首先假定各因素间没有交互作用。如果各因素间存在交互作用,利用这种方法往往会得出错误的结论。20 世纪 60 年代初,华罗庚先生在我国倡导与普及的优选法(国外称为斐波那契法),就是单因素的最佳调试法。但在实际问题中,各因素相互独立的情况是极为少见的,所以在使用优选法时需要根据经验选择一个最为关键的因素进行实验,而将其他因素都固定。因此优选法还不是一个很精确的近似方法。

2.2 单因素优选法

2.2.1 均分法

均分法是单因素实验设计方法。它是在实验范围 $[a,b]$ 内,根据精度要求和实际情况,均匀地排开实验点,在每一个实验点上进行实验,并相互比较,以求最优点的方法。由于事先做好了全部的实验方案,因此均分法属于整体实验设计方法。

均分法的要点是:若实验范围 $L=b-a$,实验点间隔为 N,则实验点个数 $n=L/N+1=(b-a)/N+1$。

均分法是对所实验的范围进行"普查",常常应用于对目标函数的性质没有掌握或很少掌握的情况。即假设目标函数是任意的,其实验精度取决于实验点数目的多少。需要注意的是,除了理论上因素水平所能划分的间隔外,实际的因素水平间隔还受到所用设备本身的影响。比如,如果一台炉子的控温精度是±1 ℃,则每个炉温之间相差 10 ℃ 是合理的。但是如果炉子的控温精度是±6 ℃,则每个炉温之间相差 10 ℃ 是不合理的。

均分法优点包括:只要把实验放在等分点上,实验点安排简单;n 次实验可同时做,节约时间,也可一个接一个做,灵活性强。均分法缺点主要是实验次数较多,代价较大,不经济。

例 2-1 钢的热处理保温时间的确定。

对采用新钢种的某零件进行热处理以提高屈服强度,当保温温度保持不变时,在 3 h 内改变保温时间,拟通过均分法找出屈服强度最高的保温时间。

解: 时间(单位:min)范围为 $[0,180]$,按照间隔 20 min 安排热处理实验,即保温时间分别为 20、40、60、80、100、120、140、160、180 min。对不同时间热处理的试样做拉伸实验,测量其屈服强度。对上述 9 种工艺试样的屈服强度进行对比,最高的屈服强度对应的保温时间为最优的保温时间。

例 2-2 CuAl5 合金最佳轧制压下率。

轧制压下率是轧制工艺中重要的参数,采用合适的轧制压下率可以提高材料的屈服强度。拟在 10% ~70% 范围内找出最佳的轧制压下率,使 CuAl5 合金的屈服强度达到最高值。

解: 将 10% ~ 70% 均匀分割,间隔为 10%,则设定的轧制压下率分别为 10%、20%、30%、40%、50%、60% 和 70%。按照上述 7 个轧制压下率对 CuAl5 合金进行轧制,测量其屈服强度,结果分别为 180、190、200、211、220、200 和 195 MPa。可见在 50% 时可以得到最高的屈服强度,即 50% 为最佳的轧制压下率。

2.2.2 黄金分割法

所谓黄金分割,是指把长为 L 的线段分为两部分,使其中一部分对全部之比等于另一部分对该部分之比,这个比例就是 $\omega = \dfrac{\sqrt{5}-1}{2} = 0.618\,033\,988\,7\cdots$,它的 3 位有效近似值为 0.618,所以黄金分割法(gold cut method)又称 0.618 法。

黄金分割法(图 2.1),就是将第一个实验点 x_1 安排在实验范围内的 0.618 处(距左端点 a),即

$$x_1 = a + (b-a) \times 0.618 \tag{2.1}$$

得到实验结果 $y_1 = f(x_1)$;再求 x_1 的对称点 x_2,即

$$x_2 = b - (b-a) \times 0.618 = a + (b-x_1) = a + (b-a) \times 0.382 \tag{2.2}$$

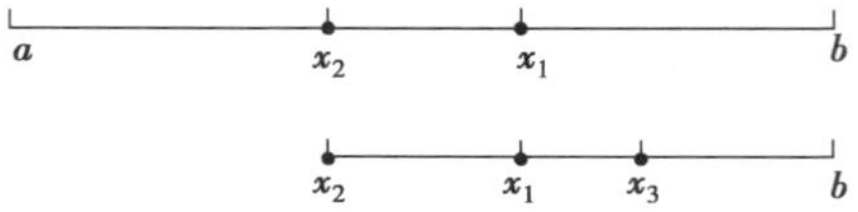

图 2.1 黄金分割法示例

做一次实验,得到实验结果 $y_2 = f(x_2)$;比较结果 $y_1 = f(x_1)$ 及 $y_2 = f(x_2)$ 的大小,如果

$f(x_1)$大,就去除(a, x_2),如图 2.1 所示,在留下的(x_2, b)中已有了一个实验点 x_1,然后再用以上求对称点的方法继续选择实验点,直到实验结果满足要求为止。

在黄金分割法的任一步骤中,所有相互比较的两个实验点都在所在区间的两个黄金分割点上,即 0.618 和 0.382 处,而且这两个点一定是相互对称的。

例 2-3 为了达到某种产品质量指标,需要加入一种材料。已知其最佳加入量在 100 g 至 200 g 之间的某一点,现在要通过做实验找到最佳加入量。

解: 首先在实验范围的 0.618 处做第一个实验,这一点的加入量为

$$x_1 = 1\,000 + (2\,000 - 1\,000) \times 0.618 = 1\,618\,(g)$$

在这一点的对称点,即 0.382 处做第二个实验,这一点的加入量为

$$x_2 = 2\,000 - (2\,000 - 1\,000) \times 0.618 = 1\,382\,(g)$$

比较两次实验结果,如果第二点较第一点好,则去掉 1 618 g 以上部分,然后在 $(1\,000, 1\,618)$ 中找 x_2 的对称点:

$$x_3 = 1\,618 - (1\,618 - 1\,000) \times 0.618 = 1\,236\,(g)$$

如果仍然是第二点好,则去掉 1 236 g 以下的一段,在留下的部分$(1\,236, 1\,618)$中继续找第二点的对称点$(1\,472)$,做第四次实验。如果这一点比第二点好,则去掉 1 236 ~ 1 382 这一段,在留下的部分按同样的方法继续进行实验,直到找到最优点。

2.2.3 分数法

分数法适用于实验要求预先给出实验总数(或已知实验范围和精确度)。在这种情况下,使用分数法比黄金分割法更为方便,且同样适用于单峰函数。

首先介绍斐波那契数列:

$$1, 1, 2, 3, 5, 8, 13, 21, 34, 55, 89, 114, \cdots$$

用 F_0、F_1、F_2、$\cdots$依次表示上述数串,它们满足递推关系:

$$F_n = F_{n-1} + F_{n-2}\,(n \geqslant 2)$$

当 $F_0 = F_1 = 1$ 确定后,斐波那契数列就完全确定了。

现在分两种情况叙述分数法。

(1)所有可能的实验总数正好是某一个 $F_n - 1$

这时前两个实验点放在实验范围的 F_{n-1}/F_n、F_{n-2}/F_n 的位置上,也就是先在第 F_{n-1}、F_{n-2} 点上做实验。比较这两个实验的结果,如果第 F_{n-1} 点好,则划去第 F_{n-2} 点以下的实验范围;如果第 F_{n-2} 点好,划去第 F_{n-1} 点以上的实验范围。

在留下的实验范围中,还剩下 $F_{n-1} - 1$ 个实验点,重新编号,其中第 F_{n-2} 和第 F_{n-3} 分点,有一个是刚好留下的好点,另一个是下一步要做的新实验点,两点比较后,同前面的做法一样,从坏点把实验范围切开,短的一段不要,留下包含好点的长的一段,这时新的实验范围就只有 $F_{n-2} - 1$ 个实验点。以后的实验,按上面的步骤重复进行,直到实验范围内没有应该做的好点为止。

容易看出,用分数法安排上面的实验,在 $F_{n-1}-1$ 个可能的实验中,最多只需做 $n-1$ 个就能找到它们中最好的点。在实验过程中,若遇到一个已满足要求的好点,同样可以停下来,不再做后面的实验。利用这种关系,根据可能比较的实验数,就可以确定实际要做的实验数,或者是由于客观条件限制能做的实验数。例如,最多只能做 k 个,就把实验范围分成 F_{k+1} 等份,这样所有可能的实验点数就是 $F_{k+1}-1$ 个,按上述方法,只做 k 个实验就可使结果得到最高的精密度。

(2)所有可能的实验总数大于某一个 F_n-1 而小于 $F_{n+1}-1$

只需在实验范围之外虚设几个实验点,虚设的点可安排在实验范围的一端或两端,凑成 $E-1$ 个实验,就化成情况(1)。对于虚设点,并不真正做实验,直接判断其结果比其他点都坏,实验往下进行。很明显,这种虚设点并不增加实际实验次数。

例 2-4 在配制某种清洗液时,要优选某材料的加入量,其加入量以 150 mL 的量杯计算,该量杯的量程分为 15 格,每格代表 10 mL,由于锥形量杯每格高度不等,难以量出具体毫升数,因此不宜使用黄金分割法。可将实验范围定为 0 ~ 130 mL,中间正好有 13 格,以 8/13 代替黄金分割点。第一次实验在 8/13 处,即 80 mL 位置,第二次实验点选在 8/13 的对称点,即 50 mL 处,然后来回调试直至找到满意的结果。

在使用分数法进行单因素优选时,应根据实验区间选择合格的分数,所选择的分数不同,实验次数也不一样。如表 2.1 所示,虽然实验范围划分的份数对分母增加较敏感,但相邻两分数的实验次数只是增加 1。

表 2.1 分数法实验

分数 F_n/F_{n+1}	第一批实验点位置	等分实验范围份数 F_{n+1}	实验次数
2/3	2/3,1/3	3	2
3/5	3/5,2/5	5	3
5/8	5/8,3/8	8	4
8/13	8/13,5/13	13	5
13/21	13/21,8/21	21	6
21/34	21/34,13/34	34	7
34/55	34/55,21/55	55	8

有时实验范围中的份数不够分数中的分母数,如 10 份,这时可以有两种方法来解决,一种是分析能否缩小实验范围,若能减少两份,则可用 5/8,如果不能缩小,就可用第二种方法,即添加 3 个数,凑足 13 份,应用 8/13。

2.2.4 对分法

对分法也叫等分法、平分法,是一种被广泛应用的方法,常被用于查找地下输电线路的故障、排水管道的堵塞位置,以及确定生产中某种物质的添加量问题等。

对分法总是在实验范围 $[a,b]$ 的中点安排实验,中点 $c=(a+b)/2$。根据实验结果,若下次实验在高处(取值大些),就把范围[a,c]划去;若下次实验在低处(取值小些),就把范围[c,b]划去。重复上面的实验,直到找到一个满意的实验点。假设长度为 1 000 m 的地下电线出现断路故障,首先在 500 m 处的中点检测,如果线路是连通的就可以断定故障发生在后面的 500 m 内;如果线路不连通就可以断定故障发生在前面的 500 m 内。重复以上过程,每次实验就可以把查找的目标范围再减小一半,通过 n 次实验就可以把目标范围锁定在长度为$(b-a)/2^n$的范围内。例如,7 次实验就可以把目标范围锁定在实验范围的 1% 之内;10 次实验就可以把目标范围锁定在实验范围的 0.1% 之内。由此可见,对分法是种高效的单因素实验设计方法,只是需要目标函数具有单调性的条件。它不是整体设计,需要在每一次实验后再确定下一次实验位置,属于序贯实验。对分法的实验目的是寻找一个目标点,每次实验结果分为 3 种情况:

①恰好是目标点。

②断定目标点在实验点左侧。

③断定目标点在实验点右侧。

实验指标不需要是连续的定量指标,可以把目标函数看作单调函数。

只要适当选取实验范围,很多情况下实验指标和影响因素的关系都是单调的。例如,钢的硬度和含碳量的关系,含碳量越高,钢的硬度也越高,但是含碳量过高时会降低钢材的其他质量指标,所以规定一个钢材硬度的最低值,这时用对分法可以很快找到合乎要求的碳含量值。

例 2-5 称量质量为 20 ~ 60 g 的某种样品时,第一次砝码的质量为 40 g,如果砝码偏轻,则可判断样品的质量为 40 ~ 60 g,于是第二次砝码的质量为 50 g,如果砝码又偏轻,则可判断样品的质量为 50 ~ 60 g,接下来砝码的质量应为 55 g,如此继续,直到天平平衡为准。

2.2.5 分批实验法

在有些情况下,做完一个实验需要较长时间,这时采用序贯实验法要很久才能最终完成实验。另外,在有些实验中,做一个实验的费用和做几个实验的费用相差无几,此时也希望同时做几个实验以节省费用。有时为了提高实验结果的可比性,也要求在同一条件下同时完成若干个实验。针对上述情况,就要采用分批实验法。分批实验法可分为均分分批实验法和比例分割分批实验法两种。

(1)均分分批实验法

均分分批实验法就是每批实验均匀地安排在实验范围内。例如,每批做 4 个实验,可以将实验范围均匀地分为 5 份,在 4 个分点 x_1、x_2、x_3、x_4 处做 4 个实验。然后同时比较 4 个实验结果,如果 x_3 好,则去掉小于 x_2 和大于 x_4 的部分。然后在留下的 $x_2 ~ x_4$ 范围内再均分为 6 份,在未做过实验的 4 个分点上再做 4 个实验,这样进行下去,就可获得最佳点。用这个方法做完第一批实验后范围缩小为 2/5,之后每批实验后都缩小为前次范围的 1/3。

对于一批做偶数个实验的情况,均可仿照上述方法安排实验。假设做 $2n$ 个实验(n 为任意整数),则可将实验范围均分为 $2n+1$ 份,在 $2n$ 个分点 $x_1, x_2, \cdots, x_{2n}$ 上做 $2n$ 个实验,如果 x_i 最好,则保留 (x_{i-1}, x_{i+1}) 部分作为新的实验范围,将其均分为 $2n+2$ 份,在未做过实验的 $2n$ 个分点上再做实验,这样继续下去,就能找到最佳点。用这个方法,第一批实验后范围缩小为 $2/(2n+1)$,以后每批实验都是将 $2n$ 个实验点均匀地安排在前一批实验好点的两旁,实验后范围缩小为前批实验范围的 $1/(n+1)$。

(2)比例分割分批实验法

这种方法是将实验点按比例地安排在实验范围内。当每批做偶数个实验时,可采用上面介绍的均分分批法安排实验。当每批做奇数个实验时,可采用以下方法:

设每批做 $2n+1$ 个实验,首先把含优区间分为 $2n+2$ 份,并使其相邻两段长度分别为 a 和 $b(a>b)$。第一批实验就安排在 $2n+1$ 个分点上。根据第一批实验结果,在好点左右分别留下一个 a 区和 b 区。然后把新含优区间 $a+b$ 中的 a 段分成 $2n+2$ 份,使相邻两段为 a_1 和 $b_1(a_1>b_1)$,并使 $a_1=b$,令 $b/a=b_1/a_1=\lambda$,其中 $\lambda=0.5\left(\sqrt{\dfrac{n+5}{n+1}}-1\right)$,则 $b=\lambda a$。用上述方法安排实验,一直进行下去,直至得到满意结果为止。

2.3　双因素优选法

双因素优选问题,就是要迅速找到二元函数 $z=f(x,y)$ 的最大值及其对应的 (x,y) 点的问题,这里 x、y 代表双因素。假定实验设计中处理的是单峰问题,也就是将 x、y 平面作为水平面,实验结果 z 看作这一点的高,这样的图形就像一座山,双因素优选法的几何意义为找出山峰的最高点。如图 2.2 所示,在水平面上画出该山峰的等高线(z 值相等的点构成的曲线在 x-y 上的投影),最内一圈等高线即为最佳点。

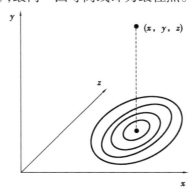

图 2.2　双因素优选法几何意义(单峰)

2.3.1　对开法

在直角坐标系中画出一矩形代表优选范围($a<x<b, c<y<d$),在中线 $x=(a+b)/2$ 上用

单因素法找最大值,设最大值在 P 点。再在中线 $y=(c+d)/2$ 上用单因素法找最大值,设为 Q 点。比较 P 和 Q 的结果,如果 Q 大,去掉 $x<(a+b)/2$ 部分,否则去掉另一半。再用同样的方法来处理余下的半个矩形,不断地去掉矩形的一半,逐步得到所需要的结果,优选过程见图2.3。

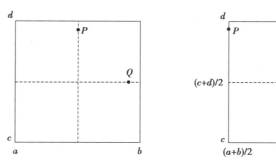

图2.3　对开法示例

需要指出的是,如果 P、Q 两点的实验结果相等(或无法辨认好坏),说明 P 和 Q 点位于同一条等高线上,则可以将图上的下半块和左半块都去掉,仅留下第一象限。因此,当两点实验数据的可分辨性十分接近时,可直接去掉实验范围的 $3/4$。

例2-6　某化工厂试制磺酸钡,其原料磺酸是磺化油经乙醇水溶液萃取出来的。实验目的是选择乙醇水溶液的合适浓度和用量,使分离出的磺酸最多。根据经验,乙醇水溶液的浓度变化范围为 $50\%\sim90\%$(体积百分比),用量变化范围为 $30\%\sim70\%$(质量百分比)。

解：　用对开法优选,如图2.4所示,先将乙醇用量固定在 50%,用 0.618 法,求得 A 点较好,即浓度为 80%;而后上下对折,将浓度固定在 70%,用黄金分割法优选,结果 B 点较好,如图2.4(a)所示。比较 A 点与 B 点的实验结果,A 点比 B 点好,于是舍弃下半部分。在剩下的范围内再上下对折,将浓度固定于 80%,对用量进行优选,结果还是 A 点最好,如图2.4(b)所示。于是 A 点即为所求,即乙醇水溶液浓度为 80%,用量为 50%。

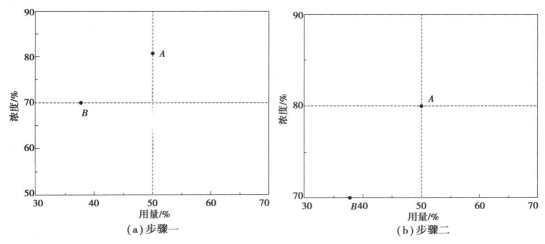

图2.4　例2-6图例

2.3.2　旋升法

如图 2.5 所示,在直角坐标系中画出一矩形代表优选范围($a<x<b,c<y<d$)。

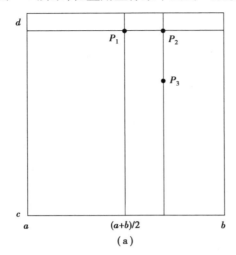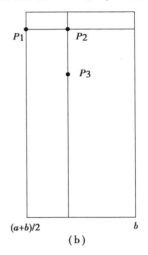

图 2.5　旋升法图例

先在一条中线,如 $x=(a+b)/2$ 上,用单因素优选法取得最大值,假定在 P_1 点取得最大值,然后过 P_1 点作水平线,在这条水平线上进行单因素优选,找到最大值,假定在 P_2 处取得最大值,如图 2.5(a)所示,这时应去掉通过 P_1 点的直线所分开的不含 P_2 点的部分;又在通过 P_2 的垂线上找最大值,假定在 P_3 处取得最大值,如图 2.5(b)所示,此时应去掉 P_2 的以上部分,继续进行实验,直到找到最佳点。

在这个方法中,每一次单因素优选时,都是将另一因素固定在前一次优选所得最优的水平上,故也称"从好点出发法"。

此方法因素选择先后的排列对选优的速度影响很大,一般按各因素对实验结果影响的大小顺序,往往能以较快的速度得到理想的结果。

例 2-7　阿托品是一种抗胆碱药。为了提高产量降低成本,利用优选法选择合适的酯化工艺条件。根据分析,主要影响因素为温度与时间,其实验范围为:温度 55 ~ 75 ℃,时间 30 ~ 310 min。

解:　①先固定温度为 65 ℃,用单因素优选法优选时间,得最优时间为 150 min,其收率为 41.6%;

②固定时间为 150 min,用单因素优选法优选温度,得最优温度为 67 ℃,其收率为 51.6%(去掉小于 65 ℃部分);

③固定温度为 67 ℃,对时间进行单因素优选,得最优时间为 80 min,其收率为 56.9%(去掉 150 min 上半部);

④固定时间为 80 min,再对温度进行优选,这时温度的优选范围为 65 ~ 75 ℃。优选结果仍为 67 ℃。到此实验结束,可以认为最好的工艺条件为温度 67 ℃,时间 80 min,收率 56.9%。

优选过程见图2.6。

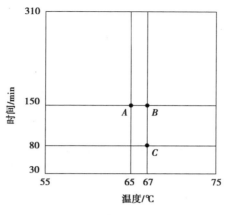

图2.6 例2-7图例

2.3.3 平行线法

两个因素中,一个(如x)易于调整,另一个(如y)不易调整,则建议用"平行线法",先将y固定在范围(c,d)的0.618处,即取

$$y=c+(d-c)\times 0.618$$

用单因素法找最大值,假定在P点取得这一值,再把y固定在范围(c,d)的0.382处,即取

$$y=c+(d-c)\times 0.382$$

用单因素法找最大值,假定在Q点取得这值,比较P、Q的结果,如果P好,则去掉Q点下面部分,即去掉$y\leqslant c+(d-c)\times 0.382$的部分(否则去掉$P$点上面的部分),再用同样的方法处理余下的部分,如此继续,如图2.7所示。

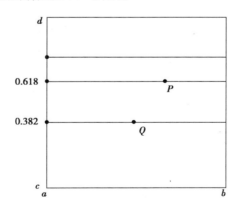

图2.7 平行线法

注意,因素y的取点方法不一定要按黄金分割法,也可以固定在其他合适的地方。

2.3.4　按格上升法

首先将所考虑的区域画上格子,然后采用与上述 3 种方法类似的过程进行优选,但用分数法代替黄金分割法。下面举例说明。

例如,优选的范围是一个 21×13 的格子图,如图 2.8(a)所示,先在 $x=13$ 的直线上用分数法做 5 次实验,又在 $y=8$ 的直线上也用分数法,这时 T 点已做过实验,因此只需做 $(6-1)=5$ 次实验,各得一个最优点,分别记为 P 点、Q 点。比较 P 点和 Q 点,如果 Q 点比 P 点好,则留下 8×13 的格子图,如图 2.8(b)所示。在剩余的范围内采用同样的方法进行优选,这时可以取 $x=13+5=18$,或者 $x=21-5=16$,考虑到 $x=18$ 更靠近好点 Q,故在 $x=18$ 上用分数法。

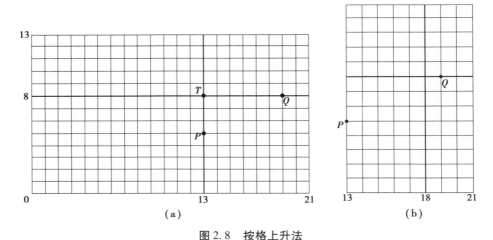

图 2.8　按格上升法

如果在每个格子点上做实验,共要做 20×12=240 次实验,而用现在的方法,最多只要 30 次就可以了。若纵横格子个数并不等于某一 F_n,那么可以添加或减少一些,以凑成 F_n。例如,在 0<x<18 时,不妨添上一些格子成 0<x<21,或减掉一些成 0<x<13。

上面优选过程与对开法类似,也可采用平行线法等。

第3章
正交实验设计

3.1 正交实验设计的基本原理

3.1.1 正交实验设计的发展

在科学研究、生产运行、产品设计与开发和工艺条件的优选过程中,为了揭示多种因素对实验或计算结果的影响,一般都需要进行大量的多因素组合条件的实验。

如果对这些因素的每种水平可能构成的一切组合条件,均逐一进行实验,即进行全面实验,往往因其实验次数繁多而需付出相当的实验代价,有时甚至导致实验无法按时完成。假如影响某项实验结果的因素有 4 项,而每个因素有 3 种水平的话,则需做 $3^4 = 81$ 次实验,又如考查 7 个因素,而每个因素有 2 个水平,则进行全面实验共需 $2^7 = 128$ 次。可见全面实验的实验次数多,所需费用高,耗时长。

对于多因素实验,人们一直在试图解决以下两个矛盾:

①全面实验次数多与实际可行实验次数少之间的矛盾。

②实际所做的少次数实验与全面掌握内在规律之间的矛盾。

也就是说,多因素实验方法必须具有以下特点:

①所安排实验点具有代表性。

②所得到的实验结论合理可靠。

多因素实验设计方法限于客观条件,尽可能做少次数的实验,为此,如何设计多因素实验方案和怎样分析实验结果,就是一个值得探索的课题。

应用数理统计概念和正交原理编制正交表,是解决该问题的有效工具。利用规格化的正交表来进行实验方案设计,就便于人们从次数众多的全面实验中,挑选出次数较少而又具有代表性的组合条件,再经过简单计算就能找出较好的工艺条件或最优配方。进一步分析实验结果又能探索出可能最优的实验方案。

20 世纪 40 年代,正交实验首先应用于农业中,20 世纪 50 年代逐渐推广到工业领域。目前,许多国家都非常重视正交实验法的研究和推广。正交实验法的应用在日本已达到"家喻户晓"的程度,它已成为促进日本生产率增长的"诀窍"。

我国在正交实验设计的理论研究方面,一直处于领先地位,设计出了许多有实用价值和简便易行的正交表。

3.1.2　正交实验设计的特点

正交性原理是设计正交表的科学依据,它主要表现在"均衡搭配"和"整齐可比"两个方面。

(1)均衡搭配性

均衡搭配是指用正交表安排的实验方案能均衡地分散在水平搭配的各种组合方案之中,因而其实验组合条件具有代表性,容易选出最优方案。

现要安排 3 个因素(A、B、C)、每个因素取 3 个水平的实验。如果要通过全面实验来选择优秀方案时,则共需做 $3^3 = 27$ 次实验,其全部水平搭配的组合方案可用图 3.1(a)形象地说明。以 A、B、C 为互相垂直的 3 个坐标轴,对应于 A 因素的 3 个水平 A_1、A_2、A_3 是左、中、右 3 个竖平面;对应于 B_1、B_2、B_3 的是下、中、上 3 个平面;对应于 C_1、C_2、C_3 的是前、中、后 3 个竖平面,共有 9 个平面。整个立方体内共有 27 个交点,正好是全面实验的27 个组合实验条件。

如条件所限只允许做 9 次实验,就需从这 27 个完全组合条件中,选出 9 个有代表性的实验条件。显然,选择图 3.1(a)中的 9 个黑点就不太合适,因其各因素的每个水平分散不均匀,对因素 C 而言,C_1 出现了 3 次,C_2 出现 4 次,C_3 才出现 2 次。同样,对于因素 A,A_1 出现 2 次,A_2 出现 5 次,A_3 出现 2 次。

如果我们按正交表 $L_9(3^4)$ 来选择 9 次实验,则其实验条件就如图 3.1(b)中 9 个黑点所示,此时所设计出的 9 个点在每个平面上都恰好有 3 个,在每条线上都恰好有 1 个,即每一因素的每个水平都有 3 次实验,水平的搭配是均匀的。也就是说,用正交表所安排的实验方案,其各因素水平的搭配是"均衡的",或者说方案是均衡地分散在一切水平搭配的组合之中。

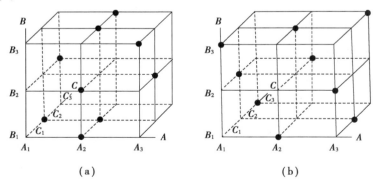

(a)　　　　　　　　　　　　　(b)

图 3.1　不均匀和均匀分散的 9 次实验

正是由于正交表的均衡搭配性,从 9 个实验条件中所得出的优秀结果,其代表性是很充分的。再通过对实验结果的分析,就能选出可能更优的水平组合方案。

(2)整齐可比性

为了对某一因素(如 A)比较其各水平(A_1、A_2、A_3)的作用,从中找出优秀水平时,其余因素各水平(B_1、B_2、B_3，C_1、C_2、C_3，…)出现的次数应该相同。以便最大限度地排除其他因素的干扰,使这一因素的 9 个水平之间具有可比性。

如将 $L_9(3^4)$ 正交表中列号 1、2、3 代入相应的因素 A、B、C,则 A 列下面的 1、2、3 就代表相应的水平 A_1、A_2、A_3。包含水平 A_1 者有 3 个实验;包含 A_2 与 A_3 者也各有 3 个实验,它们的实验组合方案为:

$$A_1\begin{cases}B_1,C_3\\B_2,C_2\\B_3,C_1\end{cases} \quad A_2\begin{cases}B_1,C_1\\B_2,C_3\\B_3,C_2\end{cases} \quad A_3\begin{cases}B_1,C_2\\B_2,C_1\\B_3,C_3\end{cases}$$

在 3 组实验里,对因素 A 的各水平 A_1、A_2、A_3 来说,其因素 B 和 C 的 3 个水平都各出现了一次。相对来说,当对表内同一水平(A_1 或 A_2 或 A_3)所导致实验的结果之和进行比较时,其他条件是固定的。这就使水平 A_1、A_2、A_3 具有了可比性,它是选取各因素优秀水平的依据。

正是因为正交表具有均衡搭配性和整齐可比性,才使正交实验法获得了广泛的应用并收到了"事半功倍"和"多、快、好、省"的效果。

3.1.3　正交表

正交表是利用"均衡搭配"与"整齐可比"这两条基本原理,从大量的全面实验方案(点)中,挑选出少量且具有代表性的实验点,所制成的排列整齐的规格化表格。

国际上通用的田口型正交表与我国自行设计的正交表,目前在国内都广泛流行和使用。两者的区别在于对因素交互作用的安排及处理。所谓交互作用,是指诸因素各水平的搭配之间,不同的联合作用对实验结果的影响。

田口型正交表的特点是强调因素间的交互作用,在实验设计时,需按各因素的交互作用情况,进行表头设计,以便确定各因素在正交表中的位置。此外,为区分实验误差与因素变化所引起的实验结果的差异,对实验结果强调进行"方差分析"。

我国自行设计的正交表,则对田口型正交表作了简化和改进。认为在实验结果中,实际上已包含了交互作用的影响。因此,在实验设计时,不搞表头设计,采用"因素顺次上列,水平对号入座"的办法,在结果分析时,无须烦琐的数学运算。

本节将从实际应用出发,对上述正交表进行综合介绍。

(1)正交表的形式及代号

正交表的代表符号及含义见图 3.2。

正交表基本上可分为两种形式:同水平正交表和混合水平正交表。

同水平正交表是各因素的水平数相等的表格。在实验设计时,当人们认为各因素对结果的影响程度大致相同时,往往选用同水平正交表(表 3.1)。

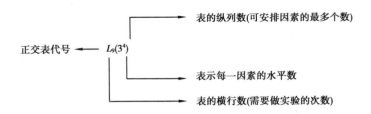

图 3.2 正交表代号图解

混合水平正交表,是指诸因素的水平数不全相等的正交表。当实验设计时,如感到某些因素更重要而希望对其进行仔细考查时,就可将其多取一些水平,这样既突出了重点,又照顾到了一般,故而产生了混合水平正交表(表 3.2)。

表 3.1 $L_9(3^4)$

实验号	列号			
	1	2	3	4
1	1	1	3	2
2	2	1	1	1
3	3	1	2	3
4	1	2	2	1
5	2	2	3	3
6	3	2	1	2
7	1	3	1	3
8	2	3	2	2
9	3	3	3	1

表 3.2 $L_8(4^1 \times 2^4)$

实验号	列号				
	1	2	3	4	5
1	1	1	2	2	1
2	3	2	2	1	1
3	2	2	2	2	2
4	4	1	2	1	2
5	1	2	1	1	2
6	3	1	1	2	2
7	2	1	1	1	1
8	4	2	1	2	1

表 3.1 是 $L_9(3^4)$ 正交表。该表有 4 个纵列,9 个横行,表示此表最多可安排 4 个因素,每个因素可取 3 个水平,共需做 9 次实验。

表 3.2 是 $L_8(4^1 \times 2^4)$ 不等水平正交表。该表共有 5 个纵列、8 个横行,表示最多可安排 5 个因素,其中有一个因素可取 4 个水平,其余 4 个因素均取 2 个水平,共需做 8 次实验。

常用正交表见附录 1。

（2）正交表的特点

仔细观察正交表中的字码"1""2""3"……会发现它们有如下两个特点：

①每个纵列中"1""2""3"等字码出现的次数相同。如 $L_9(3^4)$ 中,各列均出现 3 次,$L_8(4^1 \times 2^4)$ 中,第一列各出现 2 次,其余各列出现 4 次。

②任意两纵列的横行所构成的有序数字对中,每种数字对出现的次数是相同的。即任意两纵列的字码"1""2""8"等的搭配是均衡的。如 $L_9(3^4)$ 表中,1、2 纵列,其横向可形成 9 种不同的有序数对：(1,1)、(2,1)、(3,1)、(1,2)、(2,2)、(3,2)、(1,3)、(2,3)、(3,3)均各出现一次。

上述两个特点就是"均衡搭配"和"整齐可比"的正交性原理的体现。

3.2 正交实验设计的基本方法

3.2.1 正交实验设计的基本步骤

本小节所指的是那些适用于解决各因素的水平数都相等、因素间的交互作用均可忽略的实验问题的方法。这样就可以选用标准表和非标准表进行实验设计。这是实际实验问题中最简单、最基本的情况。

正交实验设计（通常简称"正交设计"）的基本程序是设计实验方案和处理实验结果。设计实验方案的主要步骤为：

①明确实验目的,确定实验指标。

②确定需要考查的因素,选取适当的水平。

③选用合适的正交表。

④进行表头设计。

⑤编制实验方案。

处理实验结果的方法有多种,当用极差法时主要是计算及判断。现用具体例子进行说明。

例 3-1 某工厂为改革轴承座圈的退火工艺,提高产品硬度的合格率,拟做一项多因素实验。

（1）确定实验指标

实验设计是为了更好更快地达到实验目的而对实验方案进行的最优化设计。因此,实验设计时必须首先明确实验目的。人们十分清楚设计实验到底是为了什么,要达到什么目的,否则,无须进行实验优化。通常,实验的目的主要有:

①寻求设计、技术、配方、工艺和生产等在实验空间内的最优化。

②考查实验因素的变化规律或实验因素与实验指标间的统计规律。

③满足某些特定或特殊的要求或需求。

实验指标是由实验目的确定的。一个实验目的至少需要若干个实验指标。实验设计时,对实验所要解决的问题要有全面而深刻的理解。实验指标的具体确定需要经过周密的考虑。要达到一项实验的一个目的,有时不只需要一个实验指标,而要达到同一项实验中几个不同的实验目的,相应地就需要更多实验指标。这要根据专业知识和实验要求具体分析,合理确定实验指标。

就本例而言,实验目的就是要寻求一个最佳的退火工艺,使轴承座圈的硬度合格率最高。很明显,产品硬度合格率的高低取决于退火工艺的好坏。因此,可用产品硬度合格率作为本实验的实验指标,并且是一个定量指标。

实验指标经确定,就应当把衡量和评定实验指标的原则、标准、测定实验指标的方法及所用的仪器等确定下来。这本身就是一项细致而复杂的研究工作。

(2)确定实验因素并选取适当水平

选实验因素时首先要根据专业知识、以往研究的结论和实验的经验尽可能全面地考查影响实验指标的诸因素,然后根据实验要求和尽量少选因素的一般原则选定实验因素。

在实际确定实验因素时,应主要选取对实验指标影响大的因素、尚未完全掌握其规律的因素和未曾被考查研究过的因素;那些对实验指标影响小的因素以及对实验指标的影响规律已完全掌握的因素应尽量少选或不选,但要作为可控的条件因素参加实验。实验要求考查的因素必须定为实验因素,不能缺漏,并且有时列为主要因素,在实验中加以重点考查。

应当指出,在某些情况下,特别是在实验条件完全许可的情况下,也可以考虑尽量多安排一些实验因素。例如,在用正交表安排初步实验筛选因素而人力、物力和时间又允许的场合下,在增加因素而可以不增加实验号的场合下,在某些广义实验中,在实验目的只是寻求最优组合时,都应尽量多选定一些实验因素。这样做的好处是:实验因素多,实验空间维数较高,一般情况下,在高维空间里寻优比在低维空间里寻优的结果更接近于欲考查系统的全局最优。事实上,实验效率也提高了。

实验因素的水平一般以2~4为宜,以尽量减少实验次数。在分批实验的场合,尤其应尽量少取水平。"分批走着瞧,在有苗头处着重加密,在过稀处适当加密"是节约实验次数的一条根本原则。在多批实验中,在不增加实验次数的前提下可以多选因素,少取水平,这意味着每批用小号正交表,做少数次实验,即通过各批很少的总次数就能找到当前设备和工艺技术前提下的最优生产条件。

当实验因素考查的范围较宽时,若仍然只选二水平进行实验,就会有很多范围没有机会进行考查,实验结果就可能得到局部最优。此时实验因素应多选取水平,以便找到全局最优。在实验中,重要的实验因素或特别希望了解分析的实验因素可以多取水平;有些实验,若不能分批或只能少分批的实验(如数学实验、均匀实验),也希望多取水平。

例3-1中,影响产品硬度合格率的因素很多,如加热介质、加热方法、加热温度、加热速度、保温时间、出炉温度、冷却速度、试件材质、试件加工工艺等都可能影响实验指标。根据实验要求和工厂的实际条件,遵循尽量少选因素和水平的一般原则,经过全面考虑,最后确定加热温度、保温时间和出炉温度为本实验的3个实验因素,分别以A、B、C表示,并且每个因素都取二水平,其余因素不论是可控的还是不可控的,均作为实验条件处理。于是,可列出本实验的因素水平表(表3.3)。它是实验方案设计前两步的成果,并作为后几步的依据。

表3.3　因素水平表

水平	因素		
	A 加热温度/℃	B 保温时间/h	C 出炉温度/℃
1	(A_1)800	(B_1)6	(C_1)400
2	(A_2)820	(B_2)8	(C_2)500

(3)选用合适的正交表

因素水平表是实现实验目的的基本前提,也是选用正交表的唯一依据。通常情况下,选用正交表时既不允许裁减实验因素,也不允许缩减实验因素的水平,即因素水平表必须在选用的正交表中得到完全的安排。如果选用的正交表既能容得下所有实验因素,又使实验号最小,就认为所选的正交表是合适的。因此,在选正交表时,只要实验因素能安排得下,就尽可能用小号正交表。

例3-1中,如果选用正交表$L_8(2^7)$,很明显能安排下3个实验因素,但实验号不是最小,所以不合适。显然,选$L_4(2^3)$正交表是合适的,它既能安排下3个实验因素,实验号又最小。

从选表过程中可以看出,例3-1如果多选一个实验因素,就得选$L_8(2^7)$正交表,实验点增加1倍;如果A、B、C 3个因素各多选一个水平,就得选用$L_9(3^4)$正交表,实验点增加5个。可见,选定实验因素及其水平是实验方案设计的重要一步。

(4)表头设计

正交表的每一列可以安排一个因素。表头设计就是将实验因素分别安排到所选正交表的各列中去的过程。如果因素间无交互作用,各因素可以任意安排到各列中去。当然,如果条件许可,应安排到优良性好和优良性多的表中。例3-1中,表头设计时,A、B、C

3 个因素可依次安排到正交表 $L_4(2^3)$ 的 1,2,3 列中去。通常专门列出表头设计,尤其是当考虑交互作用时必须列出表头设计,具体方法将在下节介绍。但对于像本例这样简单的情形可以省略。

(5)编制实验方案

在表头设计的基础上,将所选正交表中各列的不同数字换成对应因素的相应水平,便形成了实验方案。

例 3-1 中,将所选 $L_4(2^3)$ 正交表第一列中的数字 1 换成 A 因素的一水平 A_1,即加热温度 800 ℃,将第一列中的数字 2 换成 A 因素的二水平 A_2,即加热温度 820 ℃。如此更换,直到 A、B、C 3 个因素各水平全部安排完,即形成实验方案,见表 3.4,它是实际进行实验的依据。例如,第 1 号实验就是在加热温度为 800 ℃,保温时间为 6 h,出炉温度为 400 ℃的条件下进行的。如此进行实验,一共做 4 次(无重复)实验。

表 3.4　实验方案

实验号	因素		
	(1)A 加热温度/℃	(2)B 保温时间/h	(3)C 出炉温度/℃
1	(1)800	(1)6	(1)400
2	(1)800	(2)8	(2)500
3	(2)820	(1)6	(2)500
4	(2)820	(2)8	(1)400

实验过程中,应严格保证各号组合处理,严格控制实验因素的水平,实验条件应尽量保持一致。

实验方案中的实验号并不意味着是实际进行实验的顺序。为了加快实验进程,最好进行同时实验,同期取得全部实验结果。如果条件只允许一个一个地进行实验,为了排除外界干扰,应使实验号随机化,即采用抽签、掷骰子或查随机数字表的方法确定实验顺序。不论用什么顺序进行实验,一般都应进行重复实验,以减少随机误差对实验指标的影响。

实验结束后,将实验结果直接填入实验指标栏内,见表 3.5。

表 3.5　实验结果分析

实验号	因素			y_i/%
	(1)A 加热温度/℃	(2)B 保温时间/h	(3)C 出炉温度/℃	
1	(1)800	(1)6	(1)400	93
2	(1)800	(2)8	(2)500	83
3	(2)820	(1)6	(2)500	44
4	(2)820	(2)8	(1)400	68

续表

实验号	因素			$y_i/\%$
	（1）A 加热温度/℃	（2）B 保温时间/h	（3）C 出炉温度/℃	
y_{j1}	176	137	161	
y_{j2}	112	151	127	
$\overline{y}_{j1}$	88.0	68.5	80.5	
$\overline{y}_{j2}$	56.0	75.5	63.5	$\sum\limits_{i=1}^{4} y_i = 288$
R_j	32.0	7.0	17.0	
优水平	A_1	B_2	C_1	
主次因素	A,C,B			
最优组合	$A_1B_2C_1$			

3.2.2　正交实验结果的极差分析

直观分析很重要，正交设计的灵活运用有很多就体现在直观分析上。直观分析法主要包括 3 个部分：①"直接看"，直接考查和比较正交表安排的实验及其结果。有时，第一轮正交实验通过"直接看"就能解决实际问题；②"算一算"，即进行极差分析，根据简单计算的结果判断因素主次、因素的优水平和最优组合；③"趋势图"，它是"算一算"的图形表示，对"算一算"的理解起帮助作用，尤其对多水平实验更有利于明晰水平变化对指标的影响趋势，展望下一轮实验考查的因素水平。

处理实验结果的目的在于确定实验因素的主次、各实验因素的优水平及实验范围内的最优组合。为了圆满地达到上述目的，这里重点进行"算一算"，即极差分析。依据正交表的综合可比性，利用极差分析法（也简称"R 法"）可以非常直观简便地分析实验结果，确定因素的主次和最优组合。R 法主要是进行计算及判断，其计算内容和主要步骤如图 3.3 所示。

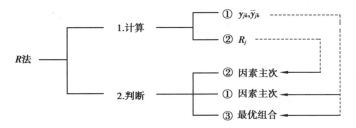

图 3.3　R 法示意图

图 3.3 中，y 为第 j 因素 k 水平所对应的实验指标和，$\overline{y}_{jk}$ 为 y_{jk} 的平均值，由 y_{jk} 的大小可以判断 j 因素的优水平，各因素的优水平的组合即最优组合；R_j 为第 j 因素的极差，其

计算式为

$$R_j = \max[\overline{y_{j1}}, \overline{y_{j2}}, \cdots] - \min[\overline{y_{j1}}, \overline{y_{j2}}, \cdots] \tag{3.1}$$

R_j 反映了第 j 因素水平变动时实验指标的变动幅度。R_j 越大,说明该因素对实验指标的影响越大,因此也就越重要。于是依据极差 R_j 的大小就可以判断因素的主次。

R 法的计算和判断可直接在实验方案扩展表(即实验结果分析表)上进行,见表 3.5。

现在以例 3-1 说明 R 法的具体应用。首先分析 A 因素各水平对实验指标的影响。从表 3.5 可以看出,A_1 的作用只反映在第 1、2 号实验中,A_2 的作用只反映在第 3、4 号实验中。或者说,为了考查 A_1 的作用,进行了一组实验(由 1,2 号实验组成);为了考查 A_2 的作用,也做了一组实验(由 3,4 号实验组成)。于是 A 因素一水平所对应的实验指标和为 $y_1 = y_1 + y_2 = 93 + 83 = 176$,其平均值 $\overline{y_{A1}} = y_{A1}/2 = 88$;$A$ 因素二水平所对应的实验指标和为 $y_{A2} = y_3 + y_4 = 44 + 68 = 112$,其平均值 $\overline{y_{A2}} = y_{A2}/2 = 56$。

同时,从表 3.5 可以看出,进行两组实验时,B、C 因素各水平都只出现一次,并且由于 B、C 因素间无交互作用,B、C 因素各水平的不同组合对实验指标无影响。因此,对 A_1、A_2 来说,两组实验的实验条件是完全一样的。如果因素 A 对实验指标无影响,那么 $\overline{y_{A1}}$、$\overline{y_{A2}}$ 也就应当相等,但由上面的计算知道,$\overline{y_{A1}}$、$\overline{y_{A2}}$ 实际上不相等。显然,这是 A 因素变动水平引起的。因此,$\overline{y_{A1}}$、$\overline{y_{A2}}$ 的大小反映了 A_1、A_2 对实验指标影响的大小。由于本例中产品硬度合格率越高越好,而 $\overline{y_{A1}} > \overline{y_{A2}}$,所以可判断 A_1 为 A 因素的优水平。同理,可判断 B_2、C_1 分别为 B、C 因素的优水平。而 A、B、C 三因素的优水平的组合即为 $A_1B_2C_1$,这便是本实验的最优组合,即最佳退火工艺条件。

极差 R_j 的计算也可在表 3.5 中按式(3.1)直接进行。计算结果表明 $R_A > R_C > R_B$,因此,因素对实验指标影响的主次顺序为 A、C、B。

需要说明以下几点:

①例 3-1 的优化结果只有在实验所考查的范围内才有意义,超出这个范围,情况就可能发生变化。欲扩大使用范围,必须再做扩大范围的实验。能否扩大其使用范围,应由再次实验的结果分析决定。当然,如果实际条件允许,根据因素水平与指标间的变化趋势可以进一步预测和实验,以寻求更优的组合。例如,例 3-1 中,指标 y 随因素 A 和 C 的取值减小而增加,可以再取 A、C 的更小水平,进一步实验寻求更优的组合,最后确定一个适用于实际生产的最优工艺,并计算和说明由于采用这一工艺而带来的技术经济效果。

②例 3-1 中的最佳退火工艺 $A_1B_2C_1$ 不在实施的部分实验中。这表明优化结果并不只是反映已做实验的信息,而是反映全面实验的信息。因此,尽可放心地按正交表设计的实验方案进行部分实验,没有必要一定进行全面实验。当然,若条件允许,对本例的最优组合 $A_1B_2C_1$ 还应做验证性实验。

由于正交表的均衡分散性和综合可比性,计算得到的最优组合 $y_{优}$ 与"直接看"得到的 $y_{优}$,即直接从部分实验中比较实测结果得到的较优组合 $y_{优}$,相差不会很远。因此,有

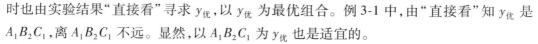

时也由实验结果"直接看"寻求 $y_{优}$，以 $y_{优}$ 为最优组合。例 3-1 中，由"直接看"知 $y_{优}$ 是 $A_1B_2C_1$，离 $A_1B_2C_1$ 不远。显然，以 $A_1B_2C_1$ 为 $y_{优}$ 也是适宜的。

③在实际的科研和生产中，最优组合是灵活的，即对于主要因素一定要选最优水平，而对于次要因素则应权衡利弊，综合考虑，选取适当水平。例 3-1 中，因素 B 是次要因素，其水平变动对实验指标的影响不大。考虑到缩短保温时间可以节约用电，提高生产率，所以选定 $A_1B_2C_1$ 为最优退火工艺是比较合适的。

④表 3.4 是由表 3.3 实验方案表扩展而成的。R 法的各项计算以及将在后续章节讨论的方差分析的各项计算与判断通常可以在该表中直接进行。这样就使得实验方案的设计与实验结果的处理融于一表，使实验设计形成一个统一的整体，简明、直观、便于分析，这是各种实验设计方法都普遍采用的。综上所述，R 法是一个计算简便、直观形象、简单易行的数据分析方法。

3.2.3　正交实验结果的方差分析

（1）极差分析与方差分析

1）极差分析

实际应用表明，极差分析法直观形象、简单易懂。通过非常简便的计算和判断就可以求得实验的优化成果——主次因素、优水平、优搭配及最优组合，能比较圆满、迅速地达到一般实验的要求。它在实验误差不大、精度要求不高的各种场合中，在筛选因素的初步实验中，在寻求最优生产条件、最佳工艺、最好配方的科研生产实际中都能得到广泛的应用。极差分析法是正交设计中常用的方法之一。但是，由于极差分析法不能充分利用实验数据所提供的信息，因此，其应用还受到一定的限制。

极差分析法不能估计实验误差。实际上，任何实验都不可避免地存在着实验误差，而极差分析法却不能估计这种实验误差的大小，无法区分某因素各水平所对应的实验指标平均值间的差异究竟有多少是由因素水平不同引起的，又有多少是由实验误差引起的。对于误差较大或精度要求较高的实验，若用极差法分析实验结果而不考虑实验误差的影响，就会给准确分析带来困难，影响获得正确的结论。极差法无法确定实验的优化成果的可信度，也不能应用于回归分析与回归设计。

2）方差分析

设有一组相互独立的实验数据：

$$y_1,y_2,\cdots,y_n \tag{3.2}$$

其均值为 $\overline{y}$，则差值 $y_i-\overline{y}(i=1,2,\cdots,n)$ 称为这组数据的偏差（也称离差或变差）。偏差的大小通常用样本方差（或均方和、均方）σ^2 来度量。

在数理统计中，总体方差被定义为

$$\sigma^2=D(y)=E\{[y-E(y)]^2\} \tag{3.3}$$

其估计值即样本方差可由下式计算：

$$\sigma^2 = \frac{S}{f} \tag{3.4}$$

式中，$y = (y_1, y_2, \cdots, y_n)$；$E(y)$ 为 y 的数学期望；$S = \sum_{i=1}^{N} (y_i - \overline{y})^2$ 称为这组数据 y_i 的偏差平方和；f 为 S 的自由度。

方差 σ^2 是某偏差的平方和的均值，它的大小反映了数据的离散程度，是衡量实验条件稳定性的一个重要尺度。不同的方差具有不同的意义，不同方差间存在一定的关系，反映数据间的某些统计规律。如果能从条件因素和实验因素影响所形成的总的方差中，将属于实验误差范畴的方差与实验因素及其交互作用引起的方差分离开来，并将两类方差在一定条件下进行比较，就可以了解每个实验因素及实验考查的交互作用对实验指标的影响大小，从而为有针对性地控制各种实验因素与进一步改善实验条件指明方向。

根据 Fisher 偏差平方和加和性原理，在偏差平方和分解的基础上借助于 F 检验法，对影响总偏差平方和的各因素效应及其交互效应进行分析，这种分析方法就称为方差分析。它是处理实验数据的一种常用方法，有着广泛的应用。

通常，方差分析的一般程序为：

①由实验数据计算各项偏差平方和及其相应的自由度，并算出各项方差估计值。

②计算并确定实验误差方差估计值 σ_e^2。

③计算检验统计量 F 值，给定显著性水平 a，将 F 值同其临界值 F_a 进行比较。

④为简明起见，将方差分析过程与结果列成方差分析表。

方差分析的目的在于区别不同方差，计算其值并进而寻求它们间的关系与规律。将方差分析应用于正交设计，主要为了解决如下问题：①估计实验误差并分析其影响；②判断实验因素及其交互作用的主次与显著性；③给出所作结论的置信度；④确定最优组合及其置信区间。

正交设计的方差分析可以在正交表上直接进行，不必另列方差分析表。与极差分析法比较，方差分析法计算较复杂，计算量也大。为此，在正交设计的结果分析中，常采用如下的数据简化方法：①将每个数据减（加）去同一个数 a，偏差平方和 S 仍不变；②将每一个数据除（乘）以同一个不为零的数 b，相应的偏差平方和 S 缩小（扩大）b^2 倍。

采用上述方法可使计算工作量大大减少。

(2) 正交实验设计方差分析

我们知道，方差分析是数理统计的基本方法之一，是科研与生产中分析实验数据的一种有效工具，将方差分析法用于正交设计中的结果分析，同样也是十分有效的。本节主要以等水平无重复正交实验为例阐明正交设计方差分析的基本方法与主要特点。

设选用正交表 $L_a(b^c)$ 进行正交实验。应用方差分析法处理其实验结果时，主要可归纳为：①计算偏差平方和及其自由度；②显著性检验。

1）计算偏差平方和及其自由度

主要计算总偏差平方和 S, 列偏差平方和 $S_j(j=1,2,\cdots,c)$ 及其相应的自由度 f_i。以拖拉机噪声影响正交实验结果分析为例, 具体计算时, 根据方差分析的有关公式, 按照实验方案扩展表中所列的项目, 分向按序进行, 行向计算 S, 列向计算 S, 见表3.6。

表 3.6　拖拉机噪声实验结果及方差分析

实验号	因素							y_i/dB	y_i-90	$(y_i-90)^2$
	A (1)	B (2)	$A\times B$ (3)	C (4)	$A\times B$ (5)	(6)	C (7)			
1	1	1	1	1	1	1	1	92	2	4
2	1	1	1	2	2	2	2	98	8	64
3	1	2	2	1	1	2	2	94	4	16
4	1	2	2	2	2	1	1	97	7	49
5	2	1	2	1	2	1	2	94	4	16
6	2	1	2	2	1	2	1	93	3	9
7	2	2	1	1	2	2	1	86	−4	16
8	2	2	1	2	1	1	2	91	1	1
y_{j1}	21	17	7	6	10	14	8			
y_{j2}	4	8	18	19	15	11	17			
Δ_j	17	9	11	13	13	3	9			
Δ_j^2	289	81	121	169	25	9	81			
S_f	36.13	10.13	15.13	21.13	3.13	1.13	10.13			
F_j	16.96	4.76	7.10	9.92	—	—	4.76			
a_j	0.1	0.25	0.25	0.1	—	—	0.25			

$$\sum_{i=1}^{4}(y_i-90)=25$$
$$\sum_{i=1}^{8}(y_i-90)^2=175$$
$$S=\sum_{i=1}^{8}y_i^2-\frac{1}{8}\left(\sum_{i=1}^{8}y_i\right)^2=96.88$$
$$S_e=S_{A\times C}+S_{空}=4.26$$
$$f_e=2$$

无重复实验时, 方差分析的一般公式为

$$S=\sum_{i=1}^{a}(y_i-\overline{y})^2=\sum_{i-1}^{a}y_i^2-\frac{1}{a}\left(\sum_{i=1}^{a}y_i\right)^2 \tag{3.5}$$

总偏差平方和 S 是所有实验数据与其总平均值的偏差平方和, 它表明实验数据的总波动为

$$S_j=\frac{a}{b}\sum_{k=1}^{b}(\overline{y_{jk}}-\overline{y})^2=\frac{b}{a}\sum_{k-1}^{b}y_{jk}^2-\frac{1}{a}\left(\sum_{i=1}^{a}y_i\right)^2 \tag{3.6}$$

列偏差平方和 S_j 是第 j 列中各水平对应实验指标平均值与总平均值的偏差平方和,

它表明该列水平变动所引起的实验数据的波动。若该列安排的是因素,就称 S_j 为该因素的偏差平方和;若该列安排的是交互作用,就称 S_j 为该交互作用的偏差平方和;若该列为空列,则 S_j 表示由于实验误差和未被考查的某交互作用或某条件因素所引起的波动。在正交设计的方差分析中,通常把空列的偏差平方和作为实验误差的偏差平方和。虽然它属于模型误差,一般比实验误差大,但用它作为实验误差进行显著性检验时,可使检验结果更可靠些。

当 $b=2$ 时,式(3.6)可简化为

$$S_j = \frac{1}{a}(y_{j1}-y_{j2})^2 = \frac{1}{a}\Delta_j^2 = \frac{a}{b^2}R_j^2 \tag{3.7}$$

总偏差平方和的自由度 f 等于正交表的实验号减 1,即

$$f = a-1 \tag{3.8}$$

第 j 列偏差平方和的自由度等于该列水平数减 1,此即该列安排的因素或交互作用的自由度,即

$$f_j = b-1 \tag{3.9}$$

此外,总偏差平方和 S 及其自由度还满足下列关系式:

$$S = \sum_{j=1}^{c} S_j = \sum_{c_{\text{因}}} S_j + \sum_{c_{\text{交}}} S_j + \sum_{c_{\text{空}}} S_j \tag{3.10}$$

$$f = \sum_{j=1}^{c} f_j = \sum_{c_{\text{因}}} f_j + \sum_{c_{\text{交}}} f_j + \sum_{c_{\text{空}}} f_j \tag{3.11}$$

其中, $c_{\text{因}}$, $c_{\text{交}}$ 和 $c_{\text{空}}$ 分别为实验因素,实验考查的交互作用和空列在正交表中所占的列数且

$$c = c_{\text{因}} + c_{\text{交}} + c_{\text{空}} \tag{3.12}$$

式(3.10)和式(3.11)表明,总偏差平方和 S 等于正交表所有列偏差平方和之和,也等于所有实验因素、实验考查的交互作用和空列偏差平方和之和;其自由度 f 等于各列自由度之和,也等于实验因素、实验考查的交互作用和空列的自由度之和。

尚需注意的是,当某个交互作用占有正交表的某几列时,该交互作用的偏差平方和就等于所占各列偏差平方和之和,其自由度也等于所占各列自由度之和。

2)显著性检验

在进行因素和交互作用的显著性检验时,采用 F 检验法。例如,对 k 水平因素 A 进行 F 检验。首先作原假设

$$H_0: a_1 = a_2 = \cdots = a_k = 0 \tag{3.13}$$

式中, $a_1, a_2, \cdots, a_k$ 为 A 因素相应水平下的效应。若式(3.13)成立,则因素 A 对实验指标无影响。其偏差平方和 S_A 只受实验误差的影响,其均方和 S_A/f_A 是总体方差 σ^2 的无偏估计。于是 S_A/σ^2 是一个自由度为 f_A 的 σ^2 分布的随机变量,而实验误差的偏差平方和与总体方差之比 S_e/σ^2 是一个自由度为 f_e 的 χ^2 分布随机变量,两者相互独立,所以统

计量

$$F_A = \frac{(S_A/f_A)\sigma^2}{(S_e/f_e)\sigma^2} = \frac{S_A/f_A}{S_e/f_e} = \frac{\hat{\sigma}_A^2}{\hat{\sigma}_e^2} \tag{3.14}$$

是一个自由度为(f_A, f_e)的F分布随机变量，F_A称为A因素的F比。然后，选取显著性水平α，由F分布表查得临界值$F_a(f_A, f_e)$，F_A应使$P\{F_A \leqslant F_a(f_A, f_e)\} = 1-a$。$a$是一个很小的数，因此，$F_A > F_a(f_A, f_e)$是一个小概率事件，在一次实验中一般不应发生。如果在一次实验中居然发生了$F_A > F_a(f_A, f_e)$的情况，那么就拒绝接受原假设，并认为在显著性水平a下，A因素的水平变动对实验指标有显著影响，而作这一结论的置信度为$100(1-a)\%$，犯错误的可能为$100a\%$。

不同的a表示犯错误的不同程度。a的选择根据问题的重要程度而定。当问题很重要即要求置信度高或要求犯错误的可能小时，则a可选小些；反之，当问题的重要程度低时，a可选大些。对于一般工程问题，a通常选为$0.01 \sim 0.1$。

进行F检验，还需要计算误差偏差平方和S_e及其自由度f_e实验误差的偏差平方和等于正交表中所有空列偏差平方和之和，其自由度也等于所有空列的自由度之和，即

$$S_e = \sum_{c_{空}} S_j, \quad f_e = \sum_{c_{空}} f_j \tag{3.15}$$

很明显，式（3.10）、式（3.11）中的最后一项分别是实验误差的偏差平方和S_e及其自由度f_e。有时，某因素或交互作用所在列的偏差平方和很小，表明其对实验指标的影响也很小，因而可将该列偏差平方和作为实验误差偏差平方和的一部分。通常把显著性水平$a > 0.25$的那些因素或交互作用的偏差平方和归入实验误差的偏差平方和，其自由度也一并归入。在具体施行F检验时，各因素及交互作用的$F_{比}$可在S_j，S_e和f_j，f_e计算的基础比上直接在表中列算，然后相应标出其显著性水平a，见表3.1；当然也可以另列方差分析表。

尚需注意：①应首先计算$\hat{\sigma}_e^2 = S_e/f_e$，而$S_e = \sum_{c_{空}} S_{空}$，$f_e = \sum_{c_{空}} f_j$，因此，选用正交表时应留有一定空列。但当无空列时，或者根据类似实验资料，确定总体方差σ^2的数值，并认为其自由度为∞，则$F_A = \dfrac{S_a/f_A}{\sigma^2}$，临界值为$F_a(f_A, \infty)$；或者选用较大正交表以便留有空列；或者进行重复实验以求得$\hat{\sigma}_e^2$；②实验误差的自由度f_e一般不应小于2。f_e很小时，F检验的灵敏度很低。从F分布表可以看出，当$f_2 \leqslant 2$时，F_a很大，有时即使因素对实验指标有影响，用F检验法也无法判定。为提高检验的灵敏度，可以将数值较小的S_j归入S_e，或者选用较大的正交表，或者进行重复实验，以增大f_e。

3.2.4 回归正交设计

(1)回归正交设计基本思想

正交设计是一种重要的科学实验设计方法。它能够利用较少的实验次数，获得较佳

的实验结果。但是正交设计不能在一定的实验范围内,根据数据样本,去确定变量之间的相关关系及其相应的回归方程。

回归分析被动地处理由实验所得到的数据,而对实验的设计安排几乎不提出任何要求。这样不仅盲目地增加了实验次数,而且由数据所分析出的结果还往往不能提供充分的信息,造成在多因素实验的分析中,由于设计的缺陷而达不到预期的实验目的。

将回归与正交结合在一起的实验设计与统计分析方法称为回归正交设计。简单地说,就是主动地在因子空间选择适当的实验点,以较少的实验处理建立一个有效的多项式回归方程,从而解决科学研究与生产实际中的最优化问题。即主动地将实验的安排、数据的处理和回归方程的精度统一起来加以考虑的一种实验设计方法。

(2)一次回归正交设计的一般方法

当实验研究的因变量与各自变量之间呈线性关系时,则可采用一次回归正交设计的方法。一次回归正交设计的方法原理与正交设计类似,主要是应用 2 水平正交表进行设计,如 $L_4(2^3)$,$L_8(2^7)$,$L_{12}(2^{11})$,$L_{16}(2^{15})$ 等。

具体设计的一般步骤如下:

1)确定实验因素及其变化范围

根据实验研究的目的和要求确定实验因素数,并在此基础上拟定出每个因素 A_j(此处下标 j 表示因素序号)的变化范围。

$$A_{0j} = (A_{2j} + A_{1j})/2 \qquad (3.16)$$

式中,A_{0j} 为因素取值最低水平,称为下水平;A_{2j} 为因素取值最高水平,称为上水平;A_{1j} 为两者的算术平均值,称为零水平。

上水平和零水平之差称为因素 A_j 的变化间距,以 Δ_j 表示。即

$$\Delta_j = A_{2j} - A_{0j} = (A_{2j} - A_{1j})/2 \qquad (3.17)$$

2)对因素 A_j 的各水平进行编码

①编码过程:即对 A_j 的各水平进行线性变换,其计算式为

$$x_{ij} = (A_{ij} - A_{0j})/\Delta_j \qquad (3.18)$$

例如,某实验的第一个因素,其 $A_{11} = 4$,$A_{21} = 12$,$A_{01} = 8$,则各水平的编码值为

$$x_{21} = (A_{21} - A_{01})/\Delta_j = (12-8)/4 = 1$$

$$x_{01} = (A_{01} - A_{01})/\Delta_j = (8-8)/4 = 0$$

$$x_{11} = (A_{11} - A_{01})/\Delta_j = (4-8)/4 = -1$$

经过上述编码,就确定了因素 A_j 与 x_j 的一一对应关系,即

$$上水平 12(A_{21}) \rightarrow +1(x_{21})$$

$$零水平 8(A_{01}) \rightarrow 0(x_{01})$$

$$下水平 4(A_{11}) \rightarrow -1(x_{11})$$

②对因素 A_j 的各水平进行编码的目的:使供试因素 A_j 各水平在编码空间是"平等"

的,即它们的取值都是在[-1,1]区间内变化,而不受原因素 A_j 的单位和取值大小的影响。

对供试因素 A_j 各水平进行了以上编码后,就把实验结果 y 对供试因素各水平 A_{i1},A_{i2},$\cdots$,A_{im} 的回归问题转化为在编码空间实验结果 y 对编码值 x_{i1},x_{i2},$\cdots$,x_{im} 的回归问题。

由此,我们可以在以 x_1,x_2,$\cdots$,x_m 为坐标轴的编码空间中选择实验点,进行回归设计;这样的设计大幅度地简化了数据处理。

无论是一次回归设计,还是二次回归设计,我们都先将各因素进行编码,再去求实验指标 y 对 x_1,x_2,$\cdots$,x_m 的回归方程,这是实验设计中经常被采用的一种方法。

3)选择合适的 2 水平正交表,进行实验方案设计

①在应用 2 水平正交表进行回归实验方案设计时,以"-1"代换表中的"2",以"+1"代换表中的"1",并增加"0"水平。

②进行这种变换是为了适应对因素水平进行编码的需要。代换后正交表中的"+1"和"-1"不仅表示因素水平的不同状态,而且表示因素水平数量变化的大小。

③原正交表经过上述代换,其交互作用列可以直接从表中相应几列对应元素相乘而得到。因此原正交表的交互作用列表也就不用了,这一点较原正交表使用更为方便。

④在具体进行设计时,首先将各因素分别安排在所选正交表相应列上,然后将每个因素的各个水平填入相应的编码值中,就得到了一次回归正交设计方案。

例 3-2 食品着香实验。影响某产品着香程度的 3 个主要因素为香精用量 A_1、着香时间 A_2、着香温度 A_3,其因素水平及编码值见表 3.7。

表 3.7 食品着香实验因素水平取值及编码表

因素	$A_1/(\mathrm{mL \cdot kg^{-1}})$物料	A_2/h	$A_3/(℃)$
上水平(+1)	17	22.6	45.7
零水平(0)	12	16	35
下水平(-1)	7	9.4	24.3
变化间距(Δ_i)	5	6.6	10.7

本实验有 3 个因素。如果除考查主效应外,还需考查交互作用(交互作用的具体内容会在 3.3 节进行详细阐述),则可选用 $L_8(2^7)$ 进行设计,即将正交表中的"1"改为"+1","2"改为"-1",且把 x_1,x_2,x_3 放在 1,2,4 列上。

这时只要将各供试因素 A_j 的每个水平填入相应的编码值中,可得到实验处理方案,见表 3.8。

表 3.8　三元一次回归正交实验方案

实验号	1 $x_1(A_1)$	2 $x_2(A_2)$	3 $x_3(A_3)$	实验指标 y_i
1	1(17)	1(22.6)	1(45.7)	
2	1(17)	1(22.6)	−1(24.3)	
3	1(17)	−1(9.4)	1(45.7)	
4	1(17)	−1(9.4)	−1(24.3)	
5	−1(7)	1(22.6)	1(45.7)	
6	−1(7)	1(22.6)	−1(24.3)	
7	−1(7)	−1(9.4)	1(45.7)	
8	−1(7)	−1(9.4)	−1(24.3)	
9	0(12)	0(16)	0(36)	
…	…	…	…	
N	0(12)	0(16)	0(36)	

4)零水平(基准水平)重复实验

①定义:就是指所有供试因素 A_j 的水平编码值均取零水平的水平组合重复进行若干次实验。

②零水平安排重复实验的主要作用:

对实验结果进行统计分析时,可检验一次回归方程在被研究的整个回归区域内,特别是中心区的预测与实测值的拟合程度。当一次回归正交设计属饱和安排时,可以提供剩余自由度,以提高实验误差估计的精确度和准确度。

③零水平安排重复实验的次数:

至于基准水平的重复实验应安排多少次,主要应根据对实验的要求和实际情况而定。一般来讲,当实验要进行失拟性检验时,基准水平的实验应该至少重复 2 次。

(3)一次回归正交设计实验结果的统计分析

1)建立多元回归方程(关键是求解回归系数 b_j)

如果采用 2 水平正交表编制一次回归正交设计,一共进行了 N 次实验,其实验结果以 $y_1,y_2,y_3,\cdots,y_N$ 表示,则一次回归的数学模型为

$$y_a = \beta_0 + \sum_{j=1}^{m} \beta_j x_{aj} + \sum_{i<j} \beta_{ij} x_{ai} x_{aj} + \varepsilon_a (a = 1,2,\cdots,N, i < j) \qquad (3.19)$$

其结构矩阵 X 为

$$X = \begin{bmatrix} 1 & x_{11} & x_{21} & \cdots & x_{1m} & x_{11}x_{12} & x_{11}x_{13} & \cdots & x_{1m-1}x_{1m} \\ 1 & x_{21} & x_{21} & \cdots & x_{1m} & x_{21}x_{22} & x_{11}x_{13} & \cdots & x_{2m-1}x_{2m} \\ \vdots & \vdots & \vdots & & \vdots & \vdots & \vdots & & \vdots \\ 1 & x_{N1} & x_{N1} & \cdots & x_{Nm} & x_{N1}x_{N2} & x_{N1}x_{N3} & \cdots & x_{Nm-1}x_{Nm} \end{bmatrix}$$

记作：

$$Y = (y_1, y_2, \cdots, y_N)^\mathrm{T};$$

$$\boldsymbol{\beta} = (\beta_0, \beta_1, \beta_2, \cdots, \beta_m, \beta_{12}, \beta_{13}, \cdots, \beta_{(m-1)m})^\mathrm{T};$$

$$\boldsymbol{\varepsilon} = (\varepsilon_1, \varepsilon_2, \cdots, \varepsilon_N)^\mathrm{T}$$

则上式的矩阵形式为

$$Y = X\boldsymbol{\beta} + \boldsymbol{\varepsilon}$$

根据最小二乘原理建立回归方程：

$$\hat{y} = b_0 + \sum_{j=1}^m b_j x_j + \sum_{i<j} b_{ij} x_i x_j \tag{3.20}$$

由于一次回归正交设计的结构矩阵 X 具有正交性,即除第 1 列的和为 N 外,其余各列的和以及任意两列的内积和均为零：

$$\left. \begin{aligned} \sum_{i=1}^N x_{ij} = 0 \\ \sum_{i=1}^N x_{kj} x_{ij} = 0 \end{aligned} \right\} \quad \begin{cases} i = 1, 2, \cdots, N \\ k < j, j = 1, 2, \cdots, m \end{cases} \tag{3.21}$$

参数 β 的最小二乘估计：

$$\begin{cases} b_0 = \dfrac{B_0}{N} = \dfrac{1}{N} \sum y_a \\[2mm] b_j = \dfrac{B_j}{a_j} = \dfrac{1}{a_j} \sum x_{aj} y_a \quad (j = 1, 2, \cdots, m) \\[2mm] \hspace{4cm} (i < j) \\[2mm] b_0 = \dfrac{B_{ij}}{a_{ij}} = \dfrac{1}{a_{ij}} \sum x_{ai} x_{aj} y_a \end{cases} \tag{3.22}$$

从以上可以看出,由于按正交表来安排实验和对变量进行了线性变换,信息矩阵的逆矩阵运算简单了,同时消除了偏归系数间的相关性,故一次回归正交设计的计算也就十分简单了。

2）回归关系的显著性检验

①平方和与自由度分解：

$$\begin{cases} SS_y = SS_R + SS_r \\ f_y = f_R + f_r \end{cases} \tag{3.23}$$

其中：

$$\begin{cases} SS_y = \sum y_a^2 - B_0^2/N \\ SS_R = \sum b_j B_j = \sum Q_j \\ SS_r = SS_y - SS_R \end{cases} \begin{cases} f_y = N - 1 \\ f_R = m(m+1)/2 \\ f_r = (N-1) - m(m+1)/2 \end{cases} \tag{3.24}$$

②回归方程的显著性检验:

$$F_R = \frac{MS_R}{MS_r} = \frac{SS_R/f_R}{SS_r/f_r} \geqslant F_a(f_R, f_r) \tag{3.25}$$

若满足上式,则一次回归方程显著;或反之。

③偏回归系数的显著性检验:

在一次回归正交设计下,偏回归平方和为

$$Q_j = \frac{b_j^2}{c_{ij}} = b_j B_j \quad (j = 1, 2, \cdots, m, 12, 13, \cdots, (m-1)m) \tag{3.26}$$

或表示为

$$SS_j = \frac{b_j^2}{c_{ij}} = b_j B_j \quad f_j = 1 \tag{3.27}$$

$$F_j = \frac{MS_j}{MS_r} = \frac{SS_j/f_j}{SS_r/f_r} \geqslant F_a(1, f_r) \tag{3.28}$$

若满足上式,则偏回归系数 F_j 显著;或反之。

注意:

如果有不显著的偏回归系数(1个或多个),可将其同时从回归方程中剔除,此时不影响其他回归系数的数值;将剔除因素的偏回归平方和、自由度并入离回归平方和与自由度,进行有关检验;上述对一次回归的 F 检验,只能说明变量的作用相对于剩余均方而言,影响是否显著;即使检验是显著的,也仅仅反映一次回归方程在其实验点上与实验结果拟合得较好,但并不能说明在被研究的整个回归区域的拟合情况如何,即不能保证所采用的一次回归模型是最合适的。

3)拟合度检验

拟合度检验也称失拟性检验。

为了分析经 F 检验结果为显著的一次回归方程(这里包括有交互作用的情况)在整个被研究区域内的拟合情况,可通过在零水平($A_{01}, A_{02}, \cdots, A_{0m}$)处所安排的重复实验来估计真正的实验误差,进而检验所建回归方程的拟合度,即失拟性。

①零水平处 m 次重复实验偏差平方和 SS_e:

设在零水平处安排了 m 次重复实验,实验结果分别为 $y_{01}, y_{02}, \cdots, y_{0m}$,则利用这 m 个重复观测值可以计算出反映真正实验误差的平方和(称为纯误差平方和)及相应的自由度。即

$$\begin{cases} SS_e = \sum_{i=1}^{m_0} (y_{0i} - \overline{y}_0)^2 = \sum y_{0i}^2 - (\sum y_{0i})^2/m \\ f_e = m_0 - 1 \end{cases} \tag{3.29}$$

②失拟偏差平方和 SS_{Lf}：

此时，$SS_r - SS_e$ 反映除各 x_j 的一次项（考虑互作时，还包括有关一级互作）以外的其他因素（包括别的因素和各 x_j 的高次项等）所引起的变异，是回归方程所未能拟合的部分，称为失拟平方和，记为 SS_{Lf}，自由度记为 f_{Lf}。具体计算公式如下：

$$\begin{cases} SS_{Lf} = SS_r - SS_e \\ f_{Lf} = f_r - f_e \end{cases} \qquad (3.30)$$

③总体偏差平方和与自由度的分解：

$$\begin{cases} SS_y = SS_R + SS_r = SS_R + SS_{Lf} + SS_e \\ f_y = f_R + f_r = f_R + f_{Lf} + f_e \end{cases} \qquad (3.31)$$

④失拟性 F 检验：

$$F_{Lf} = \frac{MS_{Lf}}{MS_e} = \frac{SS_{Lf}/f_{Lf}}{SS_e/f_e} \rightarrow F_e(f_{Lf}, f_e) \qquad (3.32)$$

若 F_{Lf} 显著，而 F_R 不显著，说明所建立的回归方程拟合度差，需考虑别的因素或有必要建立二次甚至更高次的回归方程或 y 与诸 x_j 无关。

若 F_{Lf} 显著，而 F_R 也显著，说明所建立的一次回归方程有一定作用，但不能说明此方程拟合得好，仍需要查明原因，选用其他的数学模型，作进一步研究。

若 F_{Lf} 及 F_R 均不显著，说明没有什么因素对 y 有系统影响或实验误差太大。

若 F_{Lf} 不显著，而 F_R 显著，说明所建立的回归方程拟合得好。

（4）一次回归正交设计的应用

例 3-3　为了探索某水稻品种在低肥力土壤条件下，最佳的氮、磷、钾施用配方，采用一次回归正交设计进行实验。用 A_1、A_2、A_3 分别代表氮、磷、钾 3 种肥料，施用单位均为 kg/666.67 m^2；实验指标 y 是水稻产量（kg/666.67 m^2）。

①因素水平及编码：

氮、磷、钾 3 种肥料的因素水平及编码见表 3.9。由式（3.16）、式（3.17）、式（3.18）计算出各因素的零水平、变化间隔及水平编码。

表 3.9　氮、磷、钾肥水平编码表

因素	编码	A_1(N)	A_2(P_2O_5)	A_3(K_2O)
上水平	+1	8.0	10.0	12.0
零水平	0	6.0	6.0	7.5
下水平	−1	2.0	2.0	3.0
间隔	—	2.0	4.0	4.5

②制订实验方案：

本例为 3 个因素，且存在 3 个 1 级交互作用，可选用 $L_8(2^7)$ 正交表经变换后进行实验方案设计。设计时,将 A_1、A_2 和 A_3 变换的 x_1、x_2 和 x_3 分别置于 $L_8(2^7)$ 表的 1,2,4 列,各列的+1 和−1 与相应因素的实际上、下水平对应,零水平(中心区)重复 6 次,具体方案见表 3.10。

表 3.10　三元一次回归正交设计实验方案

实验号	实验设计			实验方案		
	$x_1(1)$	$x_2(2)$	$x_3(3)$	$A_1(N)$	$A_2(P_2O_5)$	$A_3(K_2O)$
1	1	1	1	8	10	12
2	1	1	−1	8	10	3
3	1	−1	1	8	2	12
4	1	−1	−1	8	2	3
5	−1	1	1	4	10	12
6	−1	1	−1	4	10	3
7	−1	−1	1	4	2	12
8	−1	−1	−1	4	2	3

③建立回归方程:

水稻氮、磷、钾肥实验一次回归正交设计结果矩阵及实验结果见表 3.11。

表 3.11　三元一次回归正交设计结构矩阵及实验结果

处理号	x_0	x_1	x_2	x_3	x_1x_2	x_1x_3	x_2x_3	y
1	1	1	1	1	1	1	1	500.00
2	1	1	1	−1	1	−1	−1	467.35
3	1	1	−1	1	−1	−1	−1	462.65
4	1	1	−1	−1	−1	−1	1	462.30
5	1	−1	1	1	−1	−1	1	463.15
6	1	−1	1	−1	−1	1	−1	463.50
7	1	−1	−1	1	1	−1	−1	460.50
8	1	−1	−1	−1	1	1	1	429.80

根据实验结果,求解回归方程计算过程见表 3.12。

表3.12　三元一次回归正交设计结构矩阵及计算表

处理号	x_0	x_1	x_2	x_3	x_1x_2	x_1x_3	x_2x_3	y
1	1	1	1	1	1	1	1	500.00
2	1	1	1	-1	1	-1	-1	467.35
3	1	1	-1	1	-1	-1	-1	462.65
4	1	1	-1	-1	-1	-1	1	462.30
5	1	-1	1	1	-1	-1	1	463.15
6	1	-1	1	-1	-1	1	-1	463.50
7	1	-1	-1	1	1	-1	-1	460.50
8	1	-1	-1	-1	1	1	1	429.80
$a_j = \sum x_j^2$	14	8	8	8	8	8	8	$\sum y = 648\,205$
$B_j = \sum x_j y$	6 482.05	75.35	78.75	63.35	6.05	2.65	1.25	$SS_y = 2\,536.47$
$b_j = B_j/a_j$	463.003 6	9.418 8	9.843 8	7.918 8	0.756 3	0.331 3	0.156 3	$SS_R = 1\,992.19$
$Q_j = B_j^2/a_j$	—	709.702 8	775.195 3	501.652 8	4.575 3	0.877 8	0.195 3	$SS_r = 544.27$

根据表3.12计算的有关数据,可建立如下回归方程:

$$y = 463.003\,6 + 9.418\,8x_1 + 9.843\,8x_2 + 7.918\,8x_3 + 0.756\,3x_1x_2 + 0.331\,3x_1x_3 + 0.156\,3x_2x_3$$

④回归关系的显著性检验:

由表3.12计算的有关数据,可列成如下方差分析表(表3.13)。

表3.13　回归关系的方差分析表

差异来源	SS	f	MS	F	$F_{0.05}$
x_1	709.702 8	1	709.702 8	9.128*	5.59
x_2	775.195 3	1	775.195 3	9.970*	
x_3	501.652 8	1	501.652 8	6.452*	
x_1x_2	4.575 3	1	4.575 3	0.059	
x_1x_3	0.877 8	1	0.877 8	0.011	
x_2x_2	0.195 3	1	0.195 3	0.003	
回归	1 992.199 3	6	332.033 2	4.270*	3.87

续表

差异来源	SS	f	MS	F	$F_{0.05}$
残差	544.278 1	7	77.754 0		
总和	2 536.477 4	13			

检验结果表明:产量 y 与 x_1、x_2 和 x_3 的回归关系均达到显著水平与一级互作 x_1x_2、x_1x_3、x_2x_3,均不显著。因此,可将一级互作的偏回归平方和及自由度并入离回归(剩余)项,而后再进行方差分析,结果见表 3.14。

表 3.14　回归关系的(第二次)方差分析表

差异来源	SS	f	MS	F	$F_{0.05}$	$F_{0.01}$
x_1	709.702 8	1	709.702 8	12.900 5 **		10.04
x_2	775.195 3	1	775.195 3	14.096 **		
x_3	501.652 8	1	501.652 8	9.122 *	4.96	
回归	1 986.550 9	3	662.189 6	12.041 **		6.55
残差	549.926 5	10	54.992 7			
总和	2 536.477 4	13				

第 2 次方差分析表明,产量 y 与各因素之间的总回归关系达到极显著,x_1 和 x_2 达到极显著,x_3 达到显著。因此,回归方程可简化为

$$y = 463.003\ 6 + 9.418\ 8x_1 + 9.843\ 8x_2 + 7.918\ 8x_3$$

例 3-4　从某植物中提取黄酮类物质,为了对提取工艺进行优化,选取 3 个相对重要的因素:乙醇浓度 A_1、液固比 A_2、回流次数 A_3 进行了回归正交实验,不考虑交互作用。已知 $A_1 = 60\% \sim 80\%$,$A_2 = 8 \sim 12$,$A_3 = 1 \sim 3$ 次。试通过回归正交实验确定黄酮提取率与 3 个因素之间的函数关系式并确定优化方案。

①因素水平及编码:

乙醇浓度、液固比、回流次数 3 个因素水平及编码见表 3.15。由式(3.16)、式(3.17)、式(3.18)计算出各因素的零水平、变化间隔及水平编码。

表 3.15　因素水平及编码表

因素	$A_1/\%$	A_2	$A_3/$次
上水平(+1)	80	12	3
零水平(0)	60	8	1

续表

因素	$A_1/\%$	A_2	$A_3/次$
下水平(-1)	70	10	2
变化间距(Δ_i)	10	2	1

②制订实验方案:

本例为 3 个因素,可选用 $L_8(2^7)$ 正交表经变换后进行实验方案设计。设计时,将 A_1、A_2 和 A_3 变换的 x_1、x_2 和 x_3 分别置于 $L_8(2^7)$ 表的 1,2,3 列,各列的+1 和-1 与相应因素的实际上、下水平对应,零水平(中心区)重复 3 次,具体方案见表 3.16。

表 3.16 三元一次回归正交设计实验方案

实验号	实验设计			实验方案			实验结果
	$x_1(1)$	$x_2(2)$	$x_3(3)$	A_1	A_2	A_3	y
1	1	1	1	80	12	3	8.0
2	1	1	-1	80	12	1	7.3
3	1	-1	1	80	2	3	6.9
4	1	-1	-1	80	8	1	6.4
5	-1	1	1	60	12	3	6.9
6	-1	1	-1	60	12	1	6.5
7	-1	-1	1	60	8	3	6.0
8	-1	-1	-1	60	8	1	5.1
9	0	0	0	70	10	2	6.6
10	0	0	0	70	10	2	6.5
11	0	0	0	70	10	2	6.6

③建立回归方程:

本实验一次回归正交设计结果矩阵及实验结果见表 3.17 所示。

表 3.17 回归正交设计结构矩阵及实验结果

实验号	x_1	x_2	x_3	y	y^2	x_1y	x_2y	x_3y
1	1	1	1	8.0	64.00	8.0	8.0	8.0
2	1	1	-1	7.3	53.29	7.3	7.3	-7.3

续表

实验号	x_1	x_2	x_3	y	y^2	$x_1 y$	$x_2 y$	$x_3 y$
3	1	−1	1	6.9	47.61	6.9	−6.9	6.9
4	1	−1	−1	6.4	40.96	6.4	−6.4	−6.4
5	−1	1	1	6.9	47.61	−6.9	6.9	6.9
6	−1	1	−1	6.5	42.25	−6.5	6.5	−6.5
7	−1	−1	1	6.0	36.00	−6.0	−6.0	6.0
8	−1	−1	−1	5.1	26.01	−5.1	−5.1	−5.1
9	0	0	0	6.6	43.56	0	0	0
10	0	0	0	6.5	42.25	0	0	0
11	0	0	0	6.6	43.56	0	0	0
总和				72.8	487.1	4.1	4.3	2.5

$$\begin{cases} a = \dfrac{1}{n}\sum_{i=1}^{n} y_i = \dfrac{72.8}{11} = 6.618\,2 \\[2mm] b_1 = \dfrac{\sum_{i=1}^{n} z_{1i} y_i}{m_c} = \dfrac{4.1}{8} = 0.512\,5 \\[2mm] b_2 = \dfrac{\sum_{i=1}^{n} z_{2i} y_i}{m_c} = \dfrac{4.3}{8} = 0.537\,5 \\[2mm] b_3 = \dfrac{\sum_{i=1}^{n} z_{3i} y_i}{m_c} = \dfrac{2.5}{8} = 0.312\,5 \end{cases} \tag{3.33}$$

根据表 3.17 和式(3.33)计算所得的有关数据，可建立如下回归方程：

$$y = 6.618\,2 + 0.512\,5 x_1 + 0.537\,5 x_2 + 0.312\,5 x_3$$

④回归关系的显著性检验：

首先进行方差分析：

$$SS_y = \sum_{i=1}^{N} y_i^2 - \frac{1}{N}\left(\sum_{i=1}^{N} y_i\right)^2 = 487.1 - \frac{72.8^2}{11} = 5.296$$

$$SS_1 = b_1 B_1 = 8 \times 0.512\,5^2 = 2.101$$

$$SS_2 = b_2 B_2 = 8 \times 0.537\,5^2 = 2.311$$

$$SS_3 = b_3 B_3 = 8 \times 0.312\,5^2 = 0.781$$

$$SS_R = SS_1 + SS_2 + SS_3 = 2.101 + 2.311 + 0.781 = 5.193$$

$$SS_r = SS_y - SS_R = 5.296 - 5.193 = 0.103$$

$f_y = N-1 = 8-1 = 7$; $f_1 = f_2 = f_3 = 1$; $f_R = f_1 + f_2 + f_3 = 3$; $f_r = f_y - f_R = 10-3 = 7$

由表3.17计算的有关数据,可列成如下方差分析表(表3.18)。

表3.18 回归关系的方差分析表

差异来源	SS	f	MS	F	$F_{0.01}$
x_1	2.101	1	2.101	142.9**	12.25
x_2	2.311	1	2.311	157.2**	12.25
x_3	0.781	1	0.781	53.1**	12.25
回归	5.193	3	1.731	117.8**	8.45
残差	0.103	7	0.0147		
总和	5.296	10			

检验结果表明:黄酮提取率 y 与 x_1、x_2 和 x_3 的回归关系均达到显著水平。

上述回归关系显著,只说明一次回归方程在实验点上与实验结果拟合得好;至于被研究的整个回归区域内部拟合如何,还需进一步作失拟性检验。

⑤失拟性检验:

由式(3.29)计算零水平点实验的纯误差平方和及其自由度:

$$SS_e = \sum y_{0i}^2 - \frac{(\sum y_{0i})^2}{m_0} = (43.56 + 42.25 + 43.56) - \frac{(6.6 + 6.5 + 6.6)^2}{3}$$

$$= 129.37 - 129.363\ 33$$

$$= 0.006\ 67$$

$$f_e = m_0 - 1 = 3 - 1 = 2$$

由式(3.30)计算失拟平方和及其自由度:

$$SS_{Lf} = SS_r - SS_e = 0.103 - 0.006\ 67 = 0.096\ 3$$

$$f_{Lf} = f_r - f_e = 7 - 2 = 5$$

故:

$$F_{Lf} = \frac{MS_{Lf}}{MS_e} = \frac{\dfrac{SS_{Lf}}{f_{Lf}}}{\dfrac{SS_e}{f_e}} = \frac{\dfrac{0.096\ 3}{5}}{\dfrac{0.006\ 67}{5}} = 5.775 < F_{0.01}(5,5) = 10.97$$

检验结果表明,失拟不显著,回归模型与实际情况拟合很好。

3.3 非常规正交实验设计

3.3.1 有交互作用的正交实验

(1)交互作用

多因素实验时常常碰到交互作用的问题。交互作用是指因素间的联合搭配对实验指标的影响作用,它是实验设计中的一个重要概念。

事实上,因素之间总是存在着或大或小的交互作用,它反映了因素之间互相促进或互相抑制的作用,这是客观存在的普遍现象。

在实验设计中,交互作用记作 $A \times B$、$A \times B \times C$、$\cdots$,$A \times B$ 称为一级交互作用,表明因素 A、B 间有交互作用;$A \times B \times C$ 称为二级交互作用,表明因素 A、B、C 间有交互作用。

同样地,若 $p+1$ 个因素间有交互作用,就称为 p 级交互作用,记作 $\overbrace{A \times B \times C \times \cdots}^{p+1}$。二级和二级以上的交互作用统称为高级交互作用。

类似地,在数学中,若自变量 x_1、x_2、x_3 与因变量 y 之间的函数关系为

$$y = b_0 + b_1 x_1 + b_2 x_2 + b_{13} x_1 x_3 + b_{123} x_1 x_2 x_3 \tag{3.34}$$

则交互项 $x_1 x_3$ 就表示 x_1 和 x_3 间的交互作用;$x_1 x_2 x_3$ 就表示 x_1,x_2,x_3 间的交互作用;系数 b_{13}、b_{123} 的大小和正负就表示交互作用的大小和性质。

(2)交互作用的处理

在实验设计中,交互作用一律当成因素看待,这是处理交互作用问题的一条总原则。作为因素,各级交互作用都可以安排在能考查交互作用的正交表的相应列上;它们对实验指标的影响情况都可以分析清楚,而且计算非常简便。但交互作用又与因素不同,表现在:①用于考虑交互作用的列不影响实验方案及其实施;②一个交互作用并不一定只占正交表的一列,而是占有 $(b-1)^p$ 列,即表头设计时,交互作用所占正交表的列数与因素水平数 b 有关,与交互作用级数 p 有关。显然,二水平因素的各级交互作用均占一列;对于三水平因素,一级交互作用占两列,二级交互作用占 4 列……可见,b 越大,p 越大,交互作用所占列数就越多。

对于一个 2^5 因素实验,表头设计时如果考查因素间的所有各级交互作用,那么连同因素本身,总计应占有正交表的列数为

$$C_5^1 + C_5^2 + C_5^3 + C_5^4 + C_5^5 = 31 \tag{3.35}$$

可见非选用正交表 $L_{32}(2^{31})$ 不可,而 2^5 因素实验的全面实验次数也正好等于 32。一般情况下,如果一项多因素实验的所有各项交互作用都考虑时,所选正交表的实验号数必定等于其全面实验次数,这显然是不可取的。

在满足实验要求的条件下,如何突出正交设计可以大量减少实验次数的优点,有选

择、合理地考查交互作用,这是应当妥善处理的问题,但它并不是一个纯粹的数学问题,而是一个需要综合考虑实验目的、专业知识、以往研究经验及现有实验条件等多方面情况的复杂问题。一般的处理原则为:

①高级交互作用通常不加考虑。实际上高级交互作用一般影响都很小,可以忽略。因此,式中后三项全部可以略去,此时实际占有正交表的列数仅为 $C_5^1 + C_5^2 = 15$。

②实验设计时因素间的一级交互作用也不必全部考虑。通常仅考查那些作用效果较明显的,或实验要求必须考查的一级交互作用。上述 2^5 实验中,如果仅考查 1 个或 2 个一级交互作用,那么选用正交表 $L_8(2^7)$ 即可,使实际的部分实施等于 1/4,减少了大量的实验次数。

③应尽量选用二水平因素,以减少交互作用所占的列数。若因素必须多选水平时,可设法将一张多水平正交表化为两张或多张二水平正交表完成实验。

(3)实验方案的设计

下面举例说明考虑交互作用的实验设计的一般原理和方法步骤,着重讨论这一设计方法的基本特点及其与基本方法的主要区别。

例 3-5　考查拖拉机在不同作业速度下某些部件对驾驶员耳旁噪声的影响。拟定的实验因素及其水平见表 3.19,并要求考虑交互作用 $A \times B$ 和 $A \times C$ 的影响。实验指标为耳旁噪声,且指标值越小越好。

表 3.19　因素水平表

水平	因素			
	(1)A 速度/(km·h^{-1})	(2)B 驾驶室	(3)C 轮胎	(4)D 风扇
1	Ⅲ挡	开式	通用加宽	改进型
2	Ⅱ挡	闭式	越野	普通型

由表 3.19 可知,本实验在确定因素水平及需考查的交互作用时,考虑了上述交互作用的处理原则,给实验方案的设计和实施带来了方便。实验方案设计的主要步骤为:

①选取合适的正交表。选表时一定要把交互作用看成因素,同实验因素一并加以考虑。例 3-5 中,由于 $A \times B$ 和 $A \times C$ 需各占一列,连同 4 个实验因素,总计需占正交表 6 列。显然,选 $L_8(2^7)$ 正交表最合适。

②表头设计。表头设计时各因素及交互作用不能任意安排,必须严格按交互列表进行配列。这是有交互作用的正交设计的一个重要特点,也是其实验方案设计的关键一步。每张标准正交表都附有一张交互列表,用来安排交互作用,参见附录1。从附录1的(2)中可以查到 $L_8(2^7)$ 正交表的交互列表。表中所有数字都是正交表的列号,括号内的数字表示各因素所占的列,任意两个括号列纵横所交的数字表示这两个括号列所表示的

因素的交互作用列。由 $L_8(2^7)$ 的交互列表可知若将某一因素安排在第 2 列,另一因素安排在第 4 列,则这两个因素的交互作用列为第 6 列,即应把这两个因素的交互作用当成一个因素安排在第 6 列。这样,就可以把实验因素及所要考查的交互作用安排到正交表相应的列中进行表头设计。

避免混杂是表头设计的一个重要原则,也是表头设计选优的一个重要条件。混杂是指在正交表的同一列中安排了两个或两个以上的因素或交互作用。这样就无法确定同一列中的这些不同因素或交互作用对实验指标的作用效果。因此,为了避免混杂,使表头设计合理、更优,就应该优先安排那些主要因素、重点考查的因素和涉及交互作用较多的因素。而另一些次要因素、涉及交互作用较少的因素和不涉及交互作用的因素,则可放在后面安排。

有时,为了满足实验的某些要求,或为了减少实验次数,可以允许一级交互作用的混杂,也可以允许次要因素与高级交互作用的混杂,但是一般不允许因素与一级交互作用混杂。例如,表 3.20 的表头设计是不允许的,而表 3.21 的表头设计是可以的。两个表中,均以二级交互作用仅列 $A \times B \times C$ 为例。

表 3.20　$L_8(2^7)$ 四因素表头设计(不允许的)

因素	A	$B \times C$	$(A \times B \times C)$ $B \times D$	B	$A \times B$	$A \times D$ C	$A \times C$ D
列号	1	2	3	4	5	6	7

表 3.21　$L_8(2^7)$ 四因素表头设计(可以的)

因素	D $(A \times B \times C)$	$B \times C$ $A \times D$	A	$A \times C$ $B \times D$	B	$D \times C$ $A \times B$	C
列号	1	2	3	4	5	6	7

遵循上述原则,例 3-5 表头设计的具体做法是先将因素 A,B 分别安排在第 1,2 列,再按 $L_8(2^7)$ 正交表的交互列表将 $A \times B$ 排在第 3 列,然后将因素 C 安排在第 4 列,则 $A \times C$ 应安排在第 5 列,最后将不涉及交互作用的因素 D 排在第 7 列。没有安排因素或交互作用的列称为空列,第 6 列即为空列,它用于估计实验误差。这样就完成了表头设计,见表 3.22。

表 3.22　拖拉机噪声实验表头设计

因素	A	B	$A \times B$	C	$A \times C$		D
列号	1	2	3	4	5	6	7

尚需指出,如果实验的主要目的是寻找事物内部的规律性,这时可选用实验号数较大的正交表,以避免混杂,如前所述。但是,如果实验的主要目的只是寻找最佳工艺,客

观条件又不允许做太多的实验,这时可以选用较小号数的正交表,采用部分或全部混杂的办法,即先不管有无交互作用,在小正交表中安排实验。例如,若选用 $L_4(2^3)$ 正交表进行 2^3 实验,其表头设计实际上就是因素与一级交互作用的全部混杂,但由于实验点的均匀分散性,由 $L_4(2^3)$ 选择的最佳工艺与用 $L_8(2^7)$ 寻求的最佳工艺应该是相差不远的。因此,在实际进行表头设计时要灵活运用混杂技巧,以更好地满足实验目的和要求。

③编制实验方案。表头设计完成后,将正交表安排有因素的各列中的不同数字换成对应因素的相应水平,即构成实验方案。安排考查交互作用的各列对实验方案及实验的具体实施不产生任何影响。为了便于实验的顺利实施,通常单独列出实验方案,见表3.23。

表 3.23　拖拉机噪声实验方案表

实验号	因素			
	(1)A 速度/(km·h⁻¹)	(2)B 驾驶室	(3)C 轮胎	(4)D 风扇
1	(1)Ⅲ挡	(1)开式	(1)通用加宽	(1)改进型
2	(1)Ⅲ挡	(1)开式	(2)越野	(2)普通型
3	(1)Ⅲ挡	(2)闭式	(1)通用加宽	(2)普通型
4	(1)Ⅲ挡	(2)闭式	(2)越野	(1)改进型
5	(2)Ⅱ挡	(1)开式	(1)通用加宽	(2)普通型
6	(2)Ⅱ挡	(1)开式	(2)越野	(1)改进型
7	(2)Ⅱ挡	(2)闭式	(1)通用加宽	(1)改进型
8	(2)Ⅱ挡	(2)闭式	(2)越野	(2)普通型

(4)实验结果分析

实验结束后,将实验结果填入实验指标栏内,然后利用极差法在正交表上直接进行计算和判断,如图3.4所示。它与基本方法的不同之处是:①需要计算交互作用显著的两因素的不同搭配所对应的实验指标平均值,并判断优搭配;②必须综合考虑交互作用的优搭配和因素的优水平,最后确定最优组合。

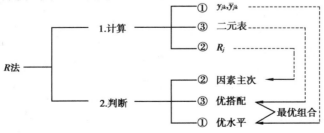

图 3.4　R 法示意图(有交互作用)

计算极差 R 时,交互作用列同因素列一样看待,并可根据极差的大小一起排主次顺序。实验结果分析见表 3.24。从表中可以看出,$A \times B$ 对实验指标的影响大于因素 B,D 对实验指标的影响,而 $A \times C$ 的影响则较小,并且因素 A,C 都是对实验指标影响较大的主要因素,所以可直接用因素 A,C 的优水平的组合 $A_2 C_1$ 作为 $A \times C$ 的优搭配,而不必再另外考虑 $A \times C$ 的其余搭配情况。对于不考虑交互作用的因素 D,可直接由 $\overline{y_{Dk}}$ 的大小确定其优水平为 D_1。对于 $A \times B$ 的搭配情况必须认真对待。通常用二元表进行计算分析,确定优搭配。二元表是交互作用显著的两因素各种搭配下对应实验指标平均值列成的表,它是交互作用的计算工具。表 3.25 是考查 $A \times B$ 的二元表。由二元表可以看出,$A_2 B_2$ 即为优搭配。综合考虑因素 C,D 的优水平和因素 A,B 的优搭配,可确定最优组合为 $A_2 B_2 C_1 D_1$,即在此条件下,该拖拉机驾驶员耳旁噪声最小。

表 3.24　实验结果分析表

实验号	因素							y_i/dB	$y_i - 90/dB$
	A (1)	B (2)	$A \times B$ (3)	C (4)	$A \times C$ (5)	(6)	D (7)		
1	1	1	1	1	1	1	1	92	2
2	1	1	1	2	2	2	2	98	8
3	1	2	2	1	1	2	2	94	4
4	1	2	2	2	2	1	1	97	7
5	2	1	2	1	2	1	2	94	4
6	2	1	2	2	1	2	1	93	3
7	2	2	1	1	2	2	1	86	−4
8	2	2	1	2	1	1	2	91	1
y_{j1}	21	17	7	6	10	14	8		
y_{j2}	4	8	18	19	15	11	17		
$\overline{y_{j1}}$	5.25	4.25	1.75	1.50	2.50	3.50	2.00	$\sum\limits_{i=1}^{8}(y_i - 90) = 25$	
$\overline{y_{j2}}$	1.00	2.00	4.50	4.75	3.75	2.75	4.25		
R_f	4.25	2.25	2.75	3.25	1.25	0.75	2.25		
优水平	A_2	B_2		C_1			D_1		
主次因素	$A, C, A \times B, B, D, A \times C$							最优组合	
优搭配	$A_2 B_2$							$A_2 B_2 C_1 D_1$	

表 3.25 二元表

A	B	
	B_1	B_2
A_1	$\dfrac{2+8}{2}=5$	$\dfrac{4+7}{2}=5.5$
A_2	$\dfrac{4+3}{2}=3.5$	$\dfrac{-4+1}{2}=-1.5$

必须指出,在交互作用较大的情况下,绝不可只根据因素的单独作用效果确定优水平,而应考虑因素间的优搭配。否则,可能会导致错误的结论。表 3.24 中是将实验数据减去 90 进行计算的。这是统计分析中常用的一种数据简化方法,可以简化计算,减少计算错误。由数理统计可知,某组随机变量观测值加减乘除某一不等于零的常数,其统计规律不变,丝毫不影响实验结果的分析。

3.3.2 水平数目不等的正交实验

在多因素实验中,常常会遇到实验因素水平数不相等的情况。实验因素中,有的因素的水平个数自然形成,只有确定的个数,不能任意选取;有的因素由于受某种条件的限制,不能多取水平;有的因素是实验重点考查的因素,需多取水平;有的因素是非重点考查的因素,则一般少取水平。这样就使得实验因素间水平数不相等。

遇到这类问题,如果因素间无交互作用,通常可直接选用混合型正交表进行正交设计。若选用 $L_a(b_1^{c_1} \times b_2^{c_2})$ 正交表,则实验因素的总列数 c' 应满足:

$$c' \leqslant c_1 + c_2 \qquad (3.36)$$

在可能的条件下,应尽量选小号数的混合型表,以减少实验次数。

例 3-6 为了减少玉米收获机械的收获损失,对其摘穗装置进行实验研究。选定的因素水平见表 3.26,交互作用均不考查。实验指标为玉米损失率,玉米损失率越小越好。

表 3.26 玉米摘穗实验因素水平表

水平	因素			
	(1)A 摘辊速度/(r·min^{-1})	(2)B 辊倾角/(°)	(3)C 喂送速度/(m·s^{-1})	(4)D 摘辊形式
1	700	40	1.6	甲
2	650	35	1.8	乙
3	600			
4	750			

例3-6是4×2^3因素实验,A是重点考查的四水平因素,显然选用混合表$L_{12}(4 \times 2^4)$较合适。但若A为三水平因素,似乎应选$L_{12}(3 \times 2^4)$混合表,这样,虽然重点考查因素的水平少了1个,但实验次数增加4次。显然,A因素为4水平时更为有利。可见,在直接选用混合表进行设计时,也要仔细考虑如何在满足实验要求的条件下尽量减少实验次数。

表头设计时,显然应把A因素安排在第1列上,因素B、C、D可以安排在其他任意列上。同前述基本方法一样,列出实验方案,然后将之扩展成结果分析表,R法的各项计算和判断均可直接在该表上进行,见表3.27。但需注意的是:①计算$\overline{y}_{jk}$时,应该是有几个指标相加就除以几,如计算$\overline{y}_{A1}$时有两个指标相加就除以2;而计算$\overline{y}_{B1}$时有4个指标相加就应除以4。②由于因素水平不同,水平隐藏重复次数不等,水平取值范围也可能差异较大。因此,对极差R就有一定影响。通常,为了消除这种影响,用R'来比较因素的主次:

$$R'_j = d_b R_j \tag{3.37}$$

其中,d_b是R_j的修正系数,可由表3.28查到。由R'_j的大小可判定主次因素顺序为A、C、D、B。然而,即使使用R'_j确定的主次因素也只具有相对的意义,还要结合专业知识以及生产实际加以综合考虑。

表3.27 玉米摘穗实验结果分析表

实验号	因素				y_i/dB
	(1)A 摘辊速度/(r·min^{-1})	(2)B 辊倾角/(°)	(3)C 喂送速度/(m·s^{-1})	(4)D 摘辊形式	
1	700	40	1.6	甲	0.14
2	700	35	1.8	乙	0.17
3	650	40	1.6	乙	0.25
4	650	35	1.8	甲	0.31
5	600	40	1.8	甲	0.41
6	600	35	1.6	乙	0.34
7	750	40	1.8	乙	0.11
8	750	35	1.6	甲	0.08
$\overline{y}_{j1}$	0.155	0.228	0.202	0.235	
$\overline{y}_{j2}$	0.280	0.225	0.250	0.217	
$\overline{y}_{j3}$	0.375				$\sum\limits_{i=1}^{8} y_i = 1.81$
$\overline{y}_{j4}$	0.095				
R_f	0.280	0.003	0.048	0.018	
R'_f	0.216	0.002	0.034	0.013	

续表

实验号	因素				
	$(1)A$ 摘辊速度/$(r \cdot min^{-1})$	$(2)B$ 辊倾角/$(°)$	$(3)C$ 喂送速度/$(m \cdot s^{-1})$	$(4)D$ 摘辊形式	y_i/dB
优水平	A_4	B_2	C_1	D_2	最优组合
主次因素	A,C,D,B				$A_4B_2C_1D_2$

表 3.28 修正系数表

b	2	3	4	5	6	7	8	9	10
d_b	0.71	0.52	0.45	0.40	0.37	0.35	0.34	0.32	0.31

例 3-6 中,实测最优组合为 8 号实验,即 $A_4B_2C_1D_1$,而计算分析最优组合为 $A_4B_2C_1D_2$,不在已做实验中,故应进行验证性实验。倘若季节限制不能适时进行实验,而又急需优化结果时,考虑到 $A_4B_2C_1D_1$ 和 $A_4B_2C_1D_1$ 仅次要因素 D 的水平有差异,可以暂定 $A_4B_2C_1D_1$ 为最优组合。

3.3.3 复杂条件下的正交实验设计

(1)正交实验设计方法的选取

由前几节的分析可以看到,前述 3 种设计方法都是分别适用于某种假定条件的正交设计,见表 3.29。但是在科研与生产的实际实验中,常常会遇到因素多、水平不等,同时又要考查交互作用的复杂情况。这样就存在如下问题:

表 3.29 设计方法的不同条件比较

条件	方法			
	基本方法	有交互作用的设计法	直接用混表法	一般方法
水平数	等	等	不等	不等
交互作用	无	有	无	有

①欲考查交互作用,必须用标准表,而标准表都是等水平表,这与实际实验还需要考查不等水平的情况显然是矛盾的。按前述 3 种方法也难以解决。

②虽然正交表有无穷多个,但仅用前述方法仍然满足不了实际需要。根据选定的因素水平表及实验要求,有时选不出对口的正交表,如 4×3^3 实验与 $3^2 \times 4 \times 2^5$ 实验,还要求考查交互作用,就根本找不到对口的正交表。有时即使可以找到对口的正交表,但也不合适,如 3×2^2 实验与 5×2^2 实验,若分别选用 $L_{12}(3 \times 2^4)$ 与 $L_{20}(5 \times 2^8)$ 正交表,都是全面实

验,显然是不合适的。

③有些实际实验有某种特殊要求,在方案设计时需要特殊照顾,否则就可能扩大实验的时空范围,增加实验次数,甚至根本无法实施实验。例如,实验因素中,有些必须在前道工序,有些则必须在下道工序;有些更换水平难,费时费力,要求更换次数少些,有些则更换水平容易,更换次数可多些;有些应在大区域、大范围内,有些则应在小区域、小范围内;有些要求精度较高,有些则要求精度不高;等等。这些都需要在设计实验方案时予以充分考虑,并要求设计出的实验方案能满足这些实际需要。

上述问题主要是实际需要与方案设计的矛盾。保证实际需要,改善方案设计,尽量减少实验次数是解决上述问题的基本思想。在前述 3 种设计方法的基础上,人们经过进一步的理论研究以及在下述 3 个方面的实际应用开发,灵活应用正交表,创造了一些确有成效的设计方法:

①在保证正交表的正交性的条件下,适当改造正交表以适应实际需要。常用的主要设计方法有并列法、赋闲列法、部分追加法、裂区法、套表法、Yates 法等。

②在保证实际需要,即在不改变选定的因素、水平以及实验要求的条件下,适当调整因素及其水平,以便找到合适的对口正交表。常用的主要设计方法有拟水平法、活动水平法、组合因素法、直积法、直和法等。

③综合改造正交表与调整因素及其水平两个方面的有关方法形成的综合设计方法,主要有拟因素法。上述方法所解决的问题是实验领域内最一般、最复杂、最实际的问题,而且利用上述方法通常可以进一步减少实验次数。下面将专门介绍上述 3 个方面的几种常用方法,着重讲明设计原理与主要特点,一般方法步骤从略,有些例子仅列出计算分析结果或说明注意事项。

(2)改造正交表实验设计

1)并列法

将 b 水平正交表的任意两列合并,同时划去相应的交互作用列,排成一个 b^2 水平的新列,这种方法称为并列法。如表 3.30 所示,在 $L_8(2^7)$ 正交表中将 1,2 两列合并,给每种组合一个新的水平数字,$(1,1) \to 1$,$(1,2) \to 2$,$(2,1) \to 3$,$(2,2) \to 4$,构成一个四水平的新列;同时,按照交互列表把 1、2 列的交互作用列即第 3 列划去,就并列成 $L_8(4 \times 2^4)$ 正交表。显然,新的正交表具有正交性。

表 3.30 $L_8(2^7)$ 并列成 $L_8(4 \times 2^4)$

实验号	列号								
	1	2		3	4	5	6	7	
			1	划去	2	3	4	5	
1	1	1	→	1	1	1	1	1	1
2	1	1	→	1	1	2	2	2	2

续表

实验号	列号								
	1	2		3	4	5	6	7	
				1	划去	2	3	4	5
3	1	2	→	2	2	1	1	2	2
4	1	2	→	2	2	2	2	1	1
5	2	1	→	3	2	1	2	1	2
6	2	1	→	3	2	2	1	2	1
7	2	2	→	4	1	1	2	2	1
8	2	2	→	4	1	2	1	1	2

并列法应用广泛,它便于将多水平因素安排到少水平的标准表上,并且可以考查交互作用。一个 b 水平因素和一个 k 水平因素间的交互作用应占二水平正交表的 $(b-1) \times (k-1)$ 列,所占列号仍由并列前标准表的交互列表确定。

例3-7　在 4×2^3 实验中,欲考查四水平因素 A,二水平因素 B、C、D 及交互作用 $A \times B$、$A \times C$、$B \times C$,试列出表头设计。显然,本实验选用正交表 $L_3(4 \times 2^4)$ 安排不下,而选用二水平标准表 $L_{16}(2^{15})$ 较合适。这是因为四水平因素 A 需占3列,$A \times B$ 和 $A \times C$ 各需占3列,$B \times C$ 占合列,本实验总计需占二水平表13列。按照 $L_{16}(2^{15})$ 的交互列表,将1、2、3列并列成四水平列安排 A 因素。若 B 因素排在第4列,则 $A \times B$ 应排在第5,6,7三列上。由此,整个表头设计见表3.31。

表3.31　$4^1 \times 2^3$ 实验表头设计

因素	A			B	$A \times B$			C	$A \times C$			$B \times C$	D		
列号	1	2	3	4	5	6	7	8	9	10	11	12	7	14	15

2)赋闲法

有意将几个交互作用同时放于同一列并使该列"闲"起来,该列就称为赋闲列。由 $L_8(2^7)$ 的交互列表知,其2、3列,4、5列,6、7列的交互作用皆为第1列。在表头设计时,若将它们的交互作用同时放于第1列,则该列即为赋闲列,见表3.32。在 $L_8(2^7)$ 正交表中,若将1、2、3列和1、4、5列分别并列成四水平列,则第1列即为赋闲列。这样,可以减少不起作用的列数,提高正交表列的利用率,减少实验号数。

表 3.32　赋闲列表头设计

因素	$A\times F$ $C\times D$ $A\times B$	B	B	C	D	E	F
列号	1	2	3	4	5	6	7

赋闲列设计只适用于二水平标准表,并且必须按照交互列表进行设计。进行结果分析时,应使赋闲列完全空闲,该列既不能考查交互作用,也不能考查实验误差。

3)部分追加法

在实验中,将某一因素再添加若干个水平,追加几个实验点,以便更全面地考查该因素的作用,这种方法称为部分追加法,简称追加法。有时,在用正交设计做了一批实验之后,发现某一因素对指标的影响特别重要或者有某种明显的趋势,需要对这个因素作进一步的考查,可采用追加法;有时,一些多因素实验仅一个因素水平较多而其余因素水平都较少,如 3×2^6、5×2^2、4×3^3 等因素实验,为了减少实验次数,也可采用追加法。追加法实际上是利用正交性将若干小号数的正交表合并成一个大号数的正交表的设计方法,它既能满足实验进行过程中的实际需要,又能解决不等水平的因素实验,大大减少了实验次数。

现利用追加法设计 3×2^2 因素实验,因素 A 是三水平,因素 B、C 是二水平,所有交互作用均可忽略。设计实验方案时,先不考虑 A_3,把 A_1、A_2 同因素 B、C 安排在 $L_4(2^3)$ 正交表上,见表 3.33,称为基本表。然后用 A_3 代换基本表中的 A_1,而 B、C 各水平不动,又得到一张 $L_4(2^3)$ 方案表,见表 3.34,称为追加表。A_1 称为该次追加实验的代换水平,而 A_2 就称为该次追加实验的非代换水平。显然,两表的 3、4 号实验是相同的,实际上可以不必重做,则 $y_3=y_3'$,$y_4=y_4'$。将两表合并,同时划去追加表中的 3、4 号实验,就得到追加法的实验方案,见表 3.35。

表 3.33　追加法的基本表

实验号	因素			
	(1)A	(2)B	(3)C	y_i
1	(1)A_3	(1)B_3	(1)C_1	y_1
2	(1)A_3	(2)B_2	(2)C_2	y_2
3	(2)A_2	(1)B_1	(2)C_2	y_3
4	(2)A_2	(2)B_2	(1)C_1	y_4

表 3.34　追加法的追加表

实验号	因素			
	(1)A	(2)B	(3)C	y_i
1	(1)A_3	(1)B_3	(1)C_1	y_1'

实验号	因素			
	$(1)A$	$(2)B$	$(3)C$	y_i
2	$(1)A_3$	$(2)B_2$	$(2)C_2$	y_2'
3	$(2)A_2$	$(1)B_1$	$(2)C_2$	y_3'
4	$(2)A_2$	$(2)B_2$	$(1)C_1$	y_4'

表 3.35　追加法实验方案及结果分析

实验号		因素				
		$(1)A$	$(2)B$	$(3)C$	y_i	y_i'
实际实验总次数 $M=a+n$ $=6$	基本实验次数 $a=4$　1	$(1)A_1$	$(1)B_1$	$(1)C_1$	y_1	y_1
	2	$(1)A_1$	$(2)B_2$	$(2)C_2$	y_2	y_2
	3	$(2)A_2$	$(1)B_1$	$(2)C_2$	y_3	$2y_3$
	4	$(2)A_2$	$(2)B_2$	$(1)C_1$	y_4	$2y_4$
	追加次数 $n=2$　5	$(1)A_3$	$(1)B_1$	$(1)C_1$	$y_5=y_1'$	y_5
	6	$(1)A_3$	$(2)B_2$	$(2)C_2$	$y_6=y_2'$	y_6
	$\overline{y}_{j1}$	$\dfrac{y_1+y_2}{2}$	$\dfrac{y_1+2y_3+y_5}{4}$	$\dfrac{y_1+2y_4+y_5}{4}$		
	$\overline{y}_{j2}$	$\dfrac{2y_3+2y_4}{4}$	$\dfrac{y_2+2y_4+y_6}{4}$	$\dfrac{y_2+2y_3+y_6}{4}$		
	$\overline{y}_{j3}$	$\dfrac{y_5+y_6}{2}$	—	—		

通常用追加法设计实验方案时不必列出追加表,只需在基本表中直接续列上追加的实验次数即可。追加的实验次数为

$$n=q\,\frac{a}{b} \tag{3.38}$$

式中,q 为追加的水平数;a 为基本表的实验号数;b 为追加水平的因素在基本表中的水平数。

例 3-7 中,$a=4$,$b=2$,$q=1$,所以 $n=2$。

为保证正交性,在进行实验结果分析时,必须把总的实验次数当成是基本表和追加表实验次数之和,即为 $(q+1)a$,通常把追加表与基本表中相同的实验结果相加后再进行结果分析,如表 3.35 中 y_i' 栏。由于水平不等,隐藏重复不同,计算 $\overline{y}_{jk}$ 时应有几个数据相加就除以几,而判断因素主次时要用 R_j'。

(3)调整因素及其水平实验设计

拟水平法是对水平较少的因素虚拟一个或几个水平,使之与正交表相应列的水平数

相等。这是在多水平正交表上安排水平较少因素的一种方法。这种虚拟的水平就称为拟水平。

例 3-8 无线电元件厂某车间对影响产品不合格的原因进行实验研究。选定的因素水平见表 3.36，全部交互作用可忽略。实验指标为产品不合格率(单位:%)且越小越好。

表 3.36 实验因素水平表

水平	因素		
	(1)A 操作方式	(2)B 班组	(3)C 产品种类
1	Ⅰ	甲	大
2	Ⅱ	乙	中
3		丙	小

这是一个 2×3^2 的三因素实验，是受条件限制使因素 A 不能多取水平的情况，自然会想到采用混合表 $L_{18}(2 \times 3^7)$。但由于本例考查因素不多，用该表实验号数过大，空列过多。采用标准表 $L_9(3^4)$ 可以使实验次数减少一半且只空一列，比较合适。但因素 A 少一个水平，怎么办？如果将因素 A 的水平 A_1 虚设为三水平再重复一次，变 A 为三水平因素，A_3 即为拟水平，于是就可选 $L_9(3^4)$ 正交表编制实验方案，见表 3.37。通常把需要着重考查的水平，如例 3-8 中的 A_1 作为拟水平的实际值。应用拟水平法时，所拟的因素和水平一般不超过两个为宜。

表 3.37 实验方案及结果分析

实验号	因素				产品不合格率/%
	(1)A 操作方式	(2)B 班组	(3)	(4)C 产品种类	
1	(1)Ⅰ	(1)甲	1	(1)大	1.20
2	(1)Ⅰ	(2)乙	2	(2)中	1.10
3	(1)Ⅰ	(3)丙	3	(3)小	2.30
4	(2)Ⅱ	(1)甲	2	(3)小	1.40
5	(2)Ⅱ	(2)乙	3	(1)大	3.40
6	(2)Ⅱ	(3)丙	1	(2)中	4.50
(7)	(3)Ⅰ	(1)甲	3	(2)中	1.20
(8)	(3)Ⅰ	(2)乙	1	(3)小	0.80
(9)	(3)Ⅰ	(3)丙	2	(1)大	3.10

续表

实验号	因素				产品 不合格率/%
	（1）A 操作方式	（2）B 班组	（3）	（4）C 产品种类	
$\overline{y}_{j1}$	1.53	1.27	2.17	2.57	
$\overline{y}_{j2}$	3.10	1.77	1.87	2.27	$\sum\limits_{i=1}^{9} y_i = 19$
$\overline{y}_{j3}$	1.70	3.30	2.30	1.50	
R_j	1.57	2.03	0.43	1.07	

分析实验结果时,因素 A 可按二水平因素处理,此时:

$$\begin{cases} \overline{y}_{A_1} = (y_1 + y_2 + y_3 + y_7 + y_8 + y_9)/6 \\ \overline{y}_{A_2} = (y_4 + y_5 + y_6)/3 \end{cases} \tag{3.39}$$

因此,整个实验应按不等水平因素实验分析。因素 A 也可按三水平因素处理,此时:

$$\begin{cases} \overline{y}_{A_1} = (y_1 + y_2 + y_3)/3 \\ \overline{y}_{A_2} = (y_4 + y_5 + y_6)/3 \\ \overline{y}_{A_3} = (y_7 + y_8 + y_9)/3 \end{cases} \tag{3.40}$$

因此,整个实验应按等水平因素实验分析。由于 A_3 实际上就是 A_1,所以理论上 $\overline{y}_{A_3}$ 应该等于 $\overline{y}_{A_1}$,但实际上往往不等。如果两者差值不大,表明实验误差不大。例3-8 中 $\overline{y}_{A_3}$ 与 $\overline{y}_{A_1}$ 差值为 0.17,比空列极差 R_3 小得多,说明实验干扰较小。若两者差值大,则说明实验中干扰大,造成实验误差也大,实验数据不够可靠,需重新检查实验设计与实验过程。

（4）拟因素实验设计

例3-9　欲进行 $4^1 \times 3^2 \times 2^5$ 八因素实验。A 是四水平因素且二次效应很小,B、C 是三水平因素,D、E、F、G、H 是二水平因素,交互作用除 $B \times D$ 外均可忽略。

显然,没有对口的混合表可供直接选用,利用前述的任何一个设计方法也不能完成本实验的正交设计任务。如果进行全面实验,需做 1 152 次实验,不宜实施。拟因素法正是解决这类复杂多因素实验问题的一个行之有效的方法。它综合利用并列法、赋闲法和拟水平法将若干个多水平因素同时安排于一个少水平的标准表上,不仅可以解决不等水平多因素实验问题,还可以考查交互作用,大大减少实验点。拟因素法常用于把三水平因素安排在二水平标准表中的多因素实验。

拟因素设计时,依据所选正交表的交互列表或列名,一是把两个二水平列并成三水平列,该列安排的因素即为拟因素,具体规则是（1,1）→1,（1,2）→2,（2,1）→3,（2,2）→2,即为两个二水平列并成一个四水平新列,新列的四水平作为拟水平,这是并列法和拟水平法的综合利用;二是把并列后应删去的交互列和安排拟因素交互作用的两列的交互列都安排在同一列,使之赋闲(通常安排在第 1 列),这是并列法和赋闲法的综合利用。

对于因素多、水平不等,同时又要考查交互作用的较复杂的因素实验,选表和表头设计就显得更为重要。除必须遵循每列安排的内容一般不得混杂及经济节约的原则外,通常应考虑的原则是:要考查因素的自由度 $f_因$ 与交互作用的自由度 $f_交$ 的总和 $f_总$ 必须不大于所选正交表的实验号数 a 减 1,即

$$f_总 = \sum f_因 + \sum f_交 \leqslant a - 1 \qquad (3.41)$$

这就是选表的自由度原则。

我们知道,一组数据中独立数据的个数称为该组数据的自由度。自由度的概念在数理统计中已经介绍过,这里不再详述。在实验设计中可以证明,正交表 b 水平列的自由度为 $f_列 = b-1$,它表示该列可以考查的独立效应个数;b 水平因素的自由度为 $f_因 = b-1$,它表示该因素对指标的独立效应个数。若将 b 水平因素安排于正交表的相应列,则必须满足:

$$f_因 = f_列 \qquad (3.42)$$

很明显,将一个 b 水平因素安排于正交表的一个 b 水平列,完全满足式(3.42),这就是等水平无交互作用多因素实验时表头设计的基本依据。但是,若将三水平因素安排于二水平列时,必须占两列;同样,四水平因素必须占 3 个二水平列。反之,若将二水平因素安排于三、四水平列时,则必须虚拟一个或两个水平以满足式(3.42)。

由于 b_A 水平因素 A 与 b_B 水平因素 B 的交互作用 $A \times B$ 的自由度为 $f_{A \times B} = (b_A - 1)(b_B - 1)$,类似地,若将 $A \times B$ 安排于 b 水平正交表,则必须满足:

$$f_{A \times B} = \sum f_列 = \sum (b - 1) \qquad (3.43)$$

例如,若 $b = 3$,$b_B = 2$,则 $A \times B$ 应占两个二水平列或一个三水平列。式(3.42)与式(3.43)是将因素和交互作用安排于正交表相应列上的基本原则。由于一般情况下,一个正交表的实验号数总比该表的自由度多 1,因此选用正交表时,通常必须满足式(3.41)。但是对于不等水平且有交互作用的多因素实验,应用式(3.41)时还必须考虑到:

①拟水平增加因素的自由度。一个因素拟一个水平使因素增加一个自由度。

②赋闲列减少因素与交互作用的自由度。通常,共用赋闲列的两个三水平因素间的交互作用减少两个自由度。共用赋闲列的 m 个因素使其自由度减少 $m-1$ 个。例如,$3^2 \times 2^2$ 四因素实验,实验因素的总自由度为 $f = 2 \times (3-1) + 2 \times (2-1) = 6$。若直接对两个二水平因素各拟一个水平,增加两个自由度,则因素总自由度 $f = 8$,选用 $L_9(3^4)$ 较合适。但若在二水平表上并列两次且共用一赋闲列,将两个三水平因素各拟一个水平,则拟水平增加两个自由度,赋闲列减少一个自由度,总自由度为 $f = 7$,可选用 $L_3(2^7)$ 表安排实验。显然,后一个方案较好。

例 3-9 中,因素及交互作用的总自由度为

$$f = (4-1) + 2 \times (3-1) + 5 \times (2-1) + (3-1) = 14 \qquad (3.44)$$

考虑到在二水平表上对本例进行拟因素设计时,并列 3 次共用一赋闲列,因素 B,C 各拟水平 1 次,总自由度仍为 $f=14$,故选用 $L_{16}(2^{15})$ 表较合适。在所选 $L_{16}(2^{15})$ 正交表中,利用列名法将 1、2、3 列和 1、4、5 列并列,按拟因素安排因素 B、C,2、3 列与 4、5 列的交互列均为第 1 列;将 1、6、7 列并成四水平列安排因素 A,6、7 列的交互作用仍为第 1 列,故第 1 列为赋闲列;将因素 D 安排在第 8 列,则 $B×D$ 应安排在第 10、11 列,而这两列的交互作用也在第 1 列;最后,将因素 E、F、G、H 分别放在第 12、13、14、15 列即完成了表头设计,见表 3.38。表中第 9 列为空列,可用来估计实验误差。

表 3.38 实验表头设计

因素	赋闲	B		C		A		D		$B×D$		E	F	G	H
列号	1	2	3	4	5	6	7	8	9	10	11	12	13	14	15

尚需指出,例 3-9 中若因素 A 二次效应较大,则其不可与因素 B,C 共用赋闲列,而只能单独用并列法。

拟因素实验结果分析时,第 j 拟因素的优水平由 $\overline{y}'_{jk}$ 的大小判断,其计算公式:

$$\begin{cases} \overline{y}'_{j1} = \overline{y}_{j1} - w_f \\ \overline{y}'_{j2} = \overline{y}_{j2} = \dfrac{1}{2}\left(\overline{y}_{j2上} + \overline{y}_{j2下}\right) \\ \overline{y}'_{j3} = \overline{y}_{j3} - w_f \end{cases} \tag{3.45}$$

其中,

$$w_f = \frac{1}{2}\left(\overline{y}_{j2上} - \overline{y}_{j2下}\right) \tag{3.46}$$

式中,w_j 为 j 因素修正项,是为消除实验干扰而进行的修正;$\overline{y}_{j2上}$ 为 j 因素二水平在正交表的上一半实验号中所对应的实验指标平均值;$\overline{y}_{j2下}$ 为 j 因素二水平在正交表的下一半实验号中所对应的实验指标平均值。于是

$$R_j = \max\left[\overline{y}'_{j1}, \overline{y}'_{j2}, \overline{y}'_{j3}\right] - \min\left[\overline{y}'_{j1}, \overline{y}'_{j2}, \overline{y}'_{j3}\right] \tag{3.47}$$

上述公式仅适用于三水平因素安排在二水平正交表的拟因素实验。

例 3-10 土壤黏附力测量仪是地面机械领域重要的测试仪器。但长期以来,整体式测盘尚不能有效测量外附力大于内聚力条件下的土壤黏附力。在新的土壤黏附仪研制过程中,欲进行 $4^1×3^2×2^1$ 的四因素实验,见表 3.39,以考查各因素对组合式测盘测力效果的影响。

表 3.39 实验因素水平

水平	因素				
	A 土壤条件	B 测盘/mm		C 压力/kPa	D 组合锥度
1	黄黏土($w=35\%$)	$\phi_外=85$	$\phi_内=45$	10	90°

续表

水平	因素					
	A	B		C	D	
	土壤条件	测盘/mm		压力/kPa	组合锥度	
2	黄黏土($w=25\%$)	$\phi_{外}=95$	$\phi_{内}=50$	20	$120°$	
3	黑壤土($w=30\%$)	$\phi_{外}=105$	$\phi_{内}=60$	30		
4	黑壤土($w=20\%$)					

本实验全面实验为 72 次,显然不宜全部实施,并且也无对口的混合表可供选用,应用改造正交表或调整因素及其水平设计中的任何一种方法都不能满足实验的要求。若采用拟因素法,由于 A、B、C 3 个因素的二次效应尚不清楚,无法使用赋闲列,故只能选用 $L_{16}(2^{15})$ 正交表,表头设计见表 3.40。

表 3.40 拟因素表头设计

因素	A			B			C			D					
列号	1	4	5	2	8	10	3	12	15	6	7	9	11	13	14	15

为了尽量减少实验次数,又切实保证更好地达到实验目的,还可以采用拟水平追加法,即将因素 D 虚拟一个水平,而对因素 A 采取追加一个水平的方法,选用 $L_9(3^4)+3$ 正交实验,见表 3.41。表中,将第 4 列三水平作为因素 D 的拟水平 D_3,拟水平值为需重点考查的 D_1;将 A_4 作为因素 A 的追加水平,A_1 为代换水平,这样,无重复实验点数仅为 12 个。

本项实验每个实验点重复两次,实验结果分析见表 3.41。表中因素 D 先按三水平分析,R_j 须按表 3.28 修正。结果表明,因素 D 对实验指标无影响,因素 C、A 和 B 对指标影响大。

表 3.41 拟水平追加实验

i	j						
	1	2	3	4	y_{i1}	y_{i2}	$\bar{y}_i$
	A	B	C	D			
1	1(A_1)	1(B_1)	1(C_1)	1(D_1)	11.94	10.90	11.42
2	1	2(B_2)	2(C_2)	2(D_2)	19.40	17.20	18.30
3	1	3(B_3)	3(C_3)	3(D_1)	24.40	26.00	25.20
4	2(A_2)	1	2	3	17.09	18.51	17.80
5	2	2	3	1	20.80	22.80	21.80
6	2	3	1	2	9.40	7.00	8.20

续表

| i | j | | | | y_{i1} | y_{i2} | $\bar{y}_i$ |
	1 A	2 B	3 C	4 D			
7	$3(A_3)$	1	3	2	20.24	22.04	21.14
8	3	2	1	3	7.85	6.35	7.10
9	3	3	2	1	10.06	8.78	9.42
10	$4(A_4)$	1	1	1	6.04	6.60	6.32
11	4	2	2	2	7.74	9.46	8.60
12	4	3	3	3	16.87	15.93	16.40
$\bar{y}_{j1}$	13.73	31.87	16.11	26.73			
$\bar{y}_{j2}$	23.90	28.23	27.11	28.53			
$\bar{y}_{j3}$	18.83	25.61	42.49	30.47	主次因素顺序 $C\ A\ B\ D$		
$\bar{y}_{j4}$	7.83						
R_j	16.08	6.26	26.38	3.74			
R_j'	7.23	3.26	13.72	2.66			

3.3.4　多指标正交实验设计

一项实验,常常需要两个或更多个指标来衡量其效果。在这样的多指标实验中,各个因素及其水平对各实验指标的影响往往是不同的,在某项指标得到改善的同时,可能使另一项指标恶化。同时,在众多的指标中,有的要求越大越好,有的要求越小越好,有的则要求靠近某个值为好。因此,分析多指标实验结果时必须统筹兼顾,寻找使各项指标都尽可能好的条件。为此,人们提出了许多种多指标实验结果分析方法,如等值线图法、数学规划法、功效系数法、公式法、综合比较法、信噪比法、模糊分析法、综合平衡法和综合评分法等。下面介绍两种常用的方法。

（1）综合平衡法

综合平衡法是先把各项实验指标按单指标分别独立进行分析,然后再根据分析的结果进行综合平衡,做出合理结论的一种方法。综合平衡的依据如下：

①各因素对于每个单项指标的主次顺序和优水平。它是各单项指标实验数据分析的结果。

②各项指标对实验的重要程度。它是由专业知识、实际经验、现实环境和实验目的要求综合确定的。即使对于同一内容的实验,它也会随着时间、条件的变化而发生变化,

并且带有一定的主观因素。

例 3-11 考查滚筒转速(A)、抛射速度(B)和清粮筒型式(C)3 个二水平因素对某气流清选脱粒机工作性能的影响。为了全面衡量实验效果,即脱粒性能,需要 4 个指标,并且各项指标对实验的重要程度的主次顺序为度电产量、脱净率、清洁率、破碎率。各项指标单独分析的结果见表 3.42。

表 3.42　因素主次顺序与优水平

实验指标	因素主次顺序	优水平
度电产量	$A\ B\ C$	$A_1\ B_1\ C_1$
脱净率	$B\ A\ C$	$A_2\ B_1\ C_1$
清洁率	$A\ \genfrac{}{}{0pt}{}{B}{C}$	$A_2\ B_2\ C_2$
破碎率	$A\ \genfrac{}{}{0pt}{}{B}{C}$	$A_2\ B_1\ C_2$

显然,3 个因素对 4 项指标的影响明显不同。因素 A 对度电产量、清洁率和破碎率 3 项指标都是主要因素,仅对次重要指标脱净率是非主要因素。如果按因素对各项指标作用的主次顺序排名次,主要的排第一,次主要的排第二,次要的排第三,那么因素 A 得 3 个第一,1 个第二;因素 B 得 1 个第一,3 个第二,而且这个第一是对应于次重要指标脱净率的;因素 C 得 2 个第二,2 个第三。很明显,对脱粒性能的影响,因素 C 次于因素 A 和因素 B,而因素 B 又次于因素 A。于是,综合平衡得因素主次顺序为 A,B,C。当两个因素所得名次相同时,应优先考虑因素相对于重要指标的名次。

由表 3.42 也可明显看出,3 个因素的各水平对 4 项指标的影响也是不同的。通常,可按因素各水平被各项指标选作优水平的次数来确定因素的优水平。中选次数多者为优,中选次数相等时,应优先选取因素相对于重要指标的优水平。例 3-11 中,因素 A 的二水平 A_2 中选 3 次,而 A_1 仅中选 1 次,故应选 A_2 为优水平。同样地,B_1 中选 3 次,B_2 中选 1 次,所以 B_1 应为优水平。因素 C 的两个水平 C_1 和 C_2 各中选两次,但考虑到选 C_1 为优水平的是重要指标度电产量和次重要指标脱净率,而选 C_2 为优水平的则是次要指标清洁率和破碎率,所以确定 C_1 为优水平。经综合平衡,最后得本实验的最优组合为 $A_2B_1C_1$。

综合平衡法计算较简便,能清晰地反映因素对各项指标的影响。但综合平衡时较困难,也难以解决较复杂的多指标问题。例如,表 3.43 所列的某实验 3 个因素对 3 个指标的主次情况就很难综合平衡,而只能借助综合评分法。

表 3.43　因素主次顺序

实验指标	因素主次
y_1	$A\ B\ C$

续表

实验指标	因素主次
y_{II}	$C\ A\ B$
y_{III}	$B\ C\ A$

（2）综合评分法

先根据各项指标的重要程度分别给予加权或打分,然后将多指标转化成单一的综合指标(即"综合评分")再进行计算分析。综合评分法的关键是确定各项指标的权值,与综合平衡法确定各项指标的重要程度时具有同样的思考原则。实验指标中较重要的应给予较大的权值,重要性相同的指标应给予相同的权值。将各项指标转化为"综合评分"的一般公式为

$$y_i^* = a_1(y_i)_1 + a_2(y_i)_2 + \cdots = \sum_k a_k(y_i)_k \tag{3.48}$$

式中,y_i^* 表示第 i 号实验的综合评分;a_k 为转化系数,即将第 k 项指标转化为综合评分的系数。若 w_k 表示第 k 项实验指标的权值,则当 $a_k = c_k w_k$ 时,称为直接加权法,其中,c 为第 k 项指标的缩减(扩大)系数,它的选取使各项实验指标具有大致相同的数量级;当 $a_k = c_k w_k / r_k$ 时,称为基本法。其中,r 为第 k 项实验指标的极差,反映了第 k 项实验指标的重要程度和其他一些因素的影响。a_k 的正负反映了 a_k 的性质,如果 a_k 为正,表示指标越大越好,a_k 为负,则表示指标越小越好;反之,若 a_k 为负,表示指标越大越好,a_k 为正,则表示指标越小越好。

例 3-12　实验考查某工程车在非路面上的通过性能,以便为工程车整体设计提供依据。通过性能由滚动阻力 P_f,滑转率 δ 和下陷深度 z 3 个指标衡量且都越小越好。实验方案及实验结果见表 3.44。

表 3.44　多指标实验结果分析

实验号	因素							
	(1)A 接地比压 /(10^5Pa)	(2)B 行走机构 型式	(3)C 仪器布置 方式	$(y_i)_1$ P_f/kN	$(y_i)_2$ δ/%	$(y_i)_3$ z/mm	y_i^* $\alpha_k = w_k$	$y_i'^*$ $\alpha_k = w_k/r_k$
1	(1)0.18	(1)普通型	(1)中置	5.6	1.2	1.2	28.4	11.29
2	(1)0.18	(2)改进型	(2)前置	5.2	1.6	6.0	37.6	12.45
3	(2)0.21	(1)普通型	(2)前置	7.2	6.4	5.6	59.2	18.71
4	(2)0.21	(2)改进型	(1)中置	5.0	4.0	7.0	46.0	13.81

续表

实验号		因素							
		(1)A 接地比压 /(10^5Pa)	(2)B 行走机构 型式	(3)C 仪器布置 方式	$(y_i)_1$ P_f/kN	$(y_i)_2$ δ/%	$(y_i)_3$ z/mm	y_i^* $\alpha_k=w_k$	$y_i'^*$ $\alpha_k=w_k/r_k$
y_i^*	$\overline{y}_{j1}^*$	33.0	43.8	37.2	$r_k=2.2$ 5.2 5.8				
	$\overline{y}_{j2}^*$	52.6	41.8	48.4	因素主次顺序:A,C,B				
	R_j^*	19.6	2.0	11.2	优水平:A_1,C_1,B_2				
$y_i'^*$	$\overline{y}_{j1}'^*$	11.87	15.00	12.55	最优组合:$A_1B_2C_1$				
	$\overline{y}_{j2}'^*$	16.26	13.13	15.58					
	R_j'	4.39	1.87	3.03					

根据实验要求、专业知识和实际经验,分别给予 P_f、δ 和 z 3 个指标的权值为 4、3、2,都为正值。由表 3.44 明显看出,各项指标值量级相同,故取 $c_1=c_2=c_3=1$。当用直接加权法时,$a_k=c_kw_k$,则综合评分为

$$y_i^*=4(y_i)_1+3(y_i)_2+2(y_i)_3 \tag{3.49}$$

将计算结果列于表 3.44 的 y_i^* 栏内,并以 y_i^* 作为实验结果进行单指标计算分析,最后可得因素主次顺序为 A、C、B,最优组合为 $A_1B_2C_1$。当用基本法时,$a_k=c_kw_k/r_k$,r_k 已由表 3.44 各指标实验值直接求出,于是

$$y_i'^*=\frac{4}{2.2}(y_i)_1+\frac{3}{5.2}(y_i)_2+\frac{2}{5.8}(y_i)_3 \tag{3.50}$$

以 $y_i'^*$ 的计算结果进行单指标计算分析,可以得到与直接加权法同样的优化结果,见表 3.44。综合评分法能比较方便地解决某些结果分析比较困难的多指标实验问题,但却无法反映各因素对各项指标的具体影响。因此实际应用时,应对具体问题作具体分析,灵活运用上述方法。

尚需指出,在将多指标转化为单一综合指标时,一般存在 3 个问题:一是指标间量纲的不一致性,因为指标的含义不同,量纲也不尽相同;二是指标间的矛盾性,不同的指标目标特性不同;三是综合评分的合理性,不同的综合评分公式可能会产生不同的结果。综合评分时,应充分考虑并妥善地解决这 3 个问题。

最近提出的 RTV 法,即区间取值(region taking value)综合评分法是解决上述问题的一种尝试。RTV 法的基本程序是:①根据第 $j(j=1,2,\cdots,n)$ 个指标 y 的重要程度给出它的满分分数 F_j,并规定

$$\sum_{j=1}^{n}F_j=100 \text{ 分} \tag{3.51}$$

②根据实际需要规定指标y_j取不同区间数值时的得分;③根据第i号实验中的指标测量值y_{ij}落在哪个区间来确定它应得的分数F_{ij};④将第i号实验中各指标的得分相加即得第i号实验的总分,此即为该号实验的综合指标。

RTV法避免了由于量纲不同而造成的误差,增加了不同量之间的可比性;考虑了各指标的重要性,这主要体现在各自的满分分数上;同时适用于指定大者为优,小者为优,适中为优和某值为优的多指标实验,易于推广到定性指标上去。

3.4 正交实验设计的工程案例

3.4.1 案例1[①]

邓肯-张 E-B 模型总共包含 c、φ、$\Delta\varphi$、R_f、K、n、K_b、m、K_{ur}、n_{ur} 10 个参数。

其中,c 为内聚力;φ 为内摩擦角;$\Delta\varphi$ 为围压增加一个对数周期下摩擦角的减小值;R_f 为破坏比(破坏时的主应力差和主应力差渐进值的比值);K 为初始弹性模量基数;n 为初始弹性模量指数;K_b 为初始体积模量基数;m 为初始体积模量指数;K_{ur} 为卸荷再加荷载时的弹性模量基数;n_{ur} 为卸荷再加荷载时的弹性模量指数。

该模型取值时,存在参数数量多、各参数对计算结果影响程度不同和确定参数值困难的问题。因此,面板堆石坝数值计算的难点问题之一就是堆石料的参数取值。

(1)工程概况

公伯峡混凝土面板堆石坝位于青海省境内黄河干流上,最大坝高 132.2 m,坝顶全长 429.0 m,坝顶宽 10.0 m。坝体主要堆石材料分区为 3 种,分别为 3BⅠ区(70% 微、弱风化花岗岩+30% 云母片岩)、主堆石 3BⅡ区(砂砾石)和次堆石 3C 区(70% 强风化花岗岩+30% 弱风化片岩)。堆石体分 15 个月施工,半年后浇筑混凝土面板并蓄水。设计正常蓄水位为 2 005.0 m,作用水头大小为 130.0 m,下游无水。

混凝土面板按线弹性材料考虑,取材料密度 $\rho_d = 2\,450$ kg/m³,弹性模量 $E = 2.0\times10^4$ MPa。坝体其他各分区材料的邓肯-张 E-B 模型计算参数见表 3.45。

表 3.45 公伯峡坝体材料邓肯-张 E-B 模型计算参数

材料	P /(kg·m⁻³)	C /Pa	K_b	K	m	n	φ_0 /(°)	$\Delta\varphi$ /(°)	R_f	K_{ur}	n_{ur}
垫层料	2 270	0	700	1 200	0.38	0.31	58	12.0	0.64	1 700	0.31
过度料	2 270	0	700	1 200	0.38	0.31	58	12.0	0.64	1 700	0.31

① 李炎隆,李守义,丁占峰,等. 基于正交实验法的邓肯-张 E-B 模型参数敏感性分析研究[J]. 水利学报,2013,44(7):873-879.

续表

材料	P /(kg·m^{-3})	C /Pa	K_b	K	m	n	φ_0 /(°)	$\Delta\varphi$ /(°)	R_f	K_{ur}	n_{ur}
3BⅠ	2 210	0	630	1 100	0.20	0.33	54	9.4	0.73	1 500	0.33
3BⅡ	2 270	0	500	900	0.64	0.50	54	10.7	0.70	1 850	0.50
C	2 160	0	160	450	0.20	0.30	50	11.0	0.65	1 200	0.30

（2）正交实验设计

①选取实验指标。根据参数敏感性分析中实验指标的选取原则,考虑到堆石体在自重和水荷载作用下,发生沉降变形和向上下游水平变形对大坝的影响较大,因此,选择坝体最大竖向位移 V、向上游最大水平位移 H_u 和向下游最大水平位移 H_d 作为参数敏感性分析的主要实验指标。

②确定实验因素和因素水平。堆石料是散粒体材料,其黏聚力按 0 考虑,并且在坝体填筑和蓄水过程中堆石料均处于加荷状态,其模型参数中的卸荷模量基数和卸荷模量指数均不参与计算,因此,选择模型中的 φ、$\Delta\varphi$、R_f、K、n、K_b、m 总共 7 个参数进行敏感性分析。本书以 3BⅠ区堆石料作为敏感性分析的研究对象,以室内实验参数为基础,在敏感性分析中每个计算参数按正负 20% 的增减量作为 3 个实验水平。参数敏感性分析的实验因素和各因素水平见表 3.46。

表 3.46　正交实验因素水平取值

因素水平	K_b	K	m	n	φ_0/(°)	$\Delta\varphi$/(°)	R_f
1	504	800	0.16	0.264	43.2	7.52	0.584
2	630	1 100	0.2	0.33	54	9.40	0.730
3	756	1 320	0.24	0.396	64.8	11.28	0.876

③选择正交表设计实验。假定模型中各参数之间无交互作用,根据实验因素个数和因素水平数,选择 $L_{18}(2\times3^7)$ 正交表安排实验(第一列设为空列),将实验因素随机分配到正交表中最后 7 列,将正交表中每个元素按其对应的因素和水平替换成相应的设计参数值,即得到堆石料模型参数敏感性分析的正交实验表,表中每一行对应因素水平组合即为一个实验方案。

按 $L_{18}(2\times3^7)$ 正交实验表和表 3.46 选取的各因素水平设计实验方案,并计算每种方案下的实验指标 V、H_u 和 H_d,设计正交实验方案见表 3.47。将 3 个实验指标坝体最大沉降位移 V、向上游最大水平位移 H_u 和向下游最大水平位移 H_d 分别列在正交实验表的最后 3 列,计算各方案下各实验指标值,计算结果同样列在表 3.47 中。

表 3.47　正交实验设计方案及计算结果

因素 水平	空列	K_b	K	m	n	φ_0	$\Delta\varphi$	R_f	V/m	H_u/m	H_d/m
1	1	504	800	0.16	0.264	43.2	7.52	0.584	−0.792	−0.219	0.219
2	1	504	1 100	0.20	0.330	54.0	9.40	0.730	−0.757	−0.128	0.212
3	1	504	1 320	0.24	0.396	64.8	11.28	0.876	−0.735	−0.121	0.208
4	1	630	800	0.16	0.330	54.0	11.28	0.876	−0.751	−0.176	0.220
5	1	630	1 100	0.20	0.396	64.8	7.52	0.584	−0.713	−0.099	0.212
6	1	630	1 320	0.24	0.264	43.2	9.40	0.730	−0.740	−0.185	0.223
7	1	756	800	0.20	0.264	64.8	9.40	0.876	−0.726	−0.149	0.224
8	1	756	1 100	0.24	0.330	43.2	11.28	0.584	−0.720	−0.176	0.226
9	1	756	1 320	0.16	0.396	54.0	7.52	0.730	−0.709	−0.093	0.216
10	2	504	800	0.24	0.396	54.0	9.40	0.584	−0.748	−0.132	0.213
11	2	504	1 100	0.16	0.264	64.8	11.28	0.730	−0.752	−0.126	0.207
12	2	504	1 320	0.20	0.330	43.2	7.52	0.876	−0.777	−0.217	0.219
13	2	630	800	0.20	0.396	43.2	11.28	0.730	−0.754	−0.242	0.226
14	2	630	1 100	0.24	0.264	54.0	7.52	0.876	−0.735	−0.154	0.221
15	2	630	1 320	0.16	0.330	64.8	9.40	0.584	−0.716	−0.101	0.210
16	2	756	800	0.24	0.330	64.8	7.52	0.730	−0.713	−0.133	0.223
17	2	756	1 100	0.16	0.396	43.2	9.40	0.876	−0.739	−0.238	0.226
18	2	756	1 320	0.20	0.264	54.0	11.28	0.584	−0.710	−0.100	0.218

（3）计算结果分析

将按照表 3.47 设计的实验方案分别计算蓄水期坝体最大竖向位移 V、向上游最大水平位移 H_u 和向下游最大水平位移 H_d 并填入表 3.47 中,再根据各方案计算结果采用极差分析法分析各参数对实验指标的敏感性大小。

对指标 V(最大竖向位移)的影响因素进行极差分析,分析结果见表 3.48。结果显示,各因素对指标 V 的敏感性由大到小依次为:K_b、φ、K、m、R_f、n、$\Delta\varphi$。

表 3.48 指标 V 影响因素极差分析结果

因素	K_b	K	m	n	$\varphi_0/(°)$	$\Delta\varphi/(°)$	R_f
K_1	−0.022 000	−0.009 167	−0.005 000	−0.004 333	−0.015 500	−0.001 667	0.005 000
K_2	0.003 333	0.002 167	−0.001 333	−0.000 833	0.003 167	0.000 500	0.000 667
K_3	0.018 667	0.007 000	0.006 333	0.005 167	0.012 333	0.001 167	−0.005 667
R_f	0.040 667	0.016 167	0.011 333	0.009 500	0.027 833	0.002 833	0.010 667
敏感性	$K_b > \varphi_0 > K > m > R_f > n > \Delta\varphi$						

对指标 H_u(向上游最大水平位移)的影响因素进行极差分析,分析结果见表 3.49。结果显示,各因素对指标 H_u 的敏感性由大到小依次为:φ、K、R_f、K_b、m、$\Delta\varphi$、n。

表 3.49 指标 H_u 影响因素极差分析结果

因素	K_b	K	m	n	$\varphi_0/(°)$	$\Delta\varphi/(°)$	R_f
K_1	−0.002 222	−0.020 222	−0.003 889	−0.000 556	−0.057 889	0.002 444	0.017 111
K_2	−0.004 556	0.001 444	−0.000 889	−0.000 222	0.024 444	−0.000 556	0.003 778
K_3	0.006 778	0.018 778	0.004 778	0.000 778	0.033 444	−0.001 889	−0.020 889
R_f	0.011 333	0.039 000	0.008 667	0.001 333	0.091 333	0.004 333	0.038 000
敏感性	$\varphi_0 > K > R_f > K_b > m > \Delta\varphi > n$						

极差最大的因素为敏感性最大的因素,对实验指标的影响也最大,因此,可以根据图中各参数的极差值大小判断其对各实验指标的敏感性大小。邓肯-张 E-B 模型中参数 K_b、φ、K 对于坝体竖向位移的影响大,其中 K_b 的敏感性最大,其次是 φ;参数 φ、K、R_f 对坝体向上游水平位移的影响显著,φ 的敏感性最大;参数取值对向下游位移影响较小,其中 K_b 的敏感性最大;其他参数的敏感性相对很小。

3.4.2 案例 2[①]

(1)工程概况

选择全风化流纹质凝灰岩为研究对象,通过隧道开挖施工阶段分析,分析围岩弹性

---

① 胡森林,王桂生.基于正交设计的围岩力学参数对围岩稳定性影响分析[J].治淮,2022(1):14-16.

模量、泊松比、黏聚力、摩擦角对围岩稳定性的影响程度。根据工程勘探资料,薄山水库取水口工程输水隧洞敏感性分析基本参数为:弹性模量 $E=3.5$ GPa,泊松比 $\mu=0.33$,黏聚力 $c=29$ kPa,内摩擦角 $\varphi=32°$。

（2）正交实验设计

根据工程勘探资料提供的围岩物理力学参数的变化范围,对围岩弹性模量、泊松比、黏聚力、内摩擦角分别取 3 个水平,见表 3.50。

表 3.50　影响因素取值表

水平	因素			
	弹性模量 E/GPa	泊松比 μ	黏聚力 c/kPa	内摩擦角 $\varphi/(°)$
1	2.5	0.25	25	20
2	3.0	0.30	30	25
3	3.5	0.35	35	30

选择拱顶下沉位移、拱腰收敛位移、塑性区半径为考核指标,根据 $L_9(3^4)$ 正交表确定计算方案见表 3.51。

表 3.51　计算方案表

计算方案	因素			
	弹性模量 E/GPa	泊松比 μ	黏聚力 c/kPa	内摩擦角 $\varphi/(°)$
1	2.5	0.25	25	20
2	2.5	0.30	30	25
3	2.5	0.35	35	30
4	3.0	0.25	30	30
5	3.0	0.30	35	20
6	3.0	0.35	25	25
7	3.5	0.25	35	25
8	3.5	0.30	25	30
9	3.5	0.35	30	20

（3）计算结果分析

根据表 3.51 提供的计算方案,通过 Midas GTX NX 分别模拟计算,得到方案 1～9 隧道开挖典型断面拱顶下沉位移值、拱腰收敛位移值、塑性区半径见表 3.52。

表 3.52　有限元计算结果表

计算方案	计算结果		
	拱顶下沉位移 /mm	拱腰收敛位移 /mm	塑性区半径 /m
1	0.46	0.44	15.5
2	0.18	0.16	2.7
3	0.12	0.06	1.2
4	0.12	0.06	2.9
5	0.17	0.18	4.3
6	0.17	0.15	1.7
7	0.12	0.09	4.4
8	0.10	0.07	1.7
9	0.18	0.18	3.6

采用极差分析来反映因素对考核指标的影响程度。根据表 3.52 记录的拱顶下沉位移、拱腰收敛位移、塑性区半径数据,经过计算得到弹性模量、泊松比、黏聚力、内摩擦角 4 个因素所对应的极差值及变化趋势如图 3.5 所示。

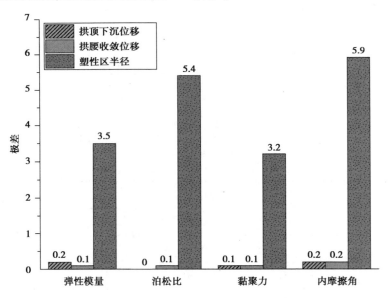

图 3.5　极差分析结果图

通过对数据进行极差分析,可以得出以下结论:

①对拱顶下沉位移而言,弹性模量和内摩擦角是主要影响因素,其参数变化对计算结果影响较大。

②拱腰收敛位移对弹性模量、泊松比、黏聚力 3 个因素不敏感,可见在当前参数变化

范围内,改变上述参数值对数值计算结果影响不大。

③对于塑性区半径,围岩物理参数的敏感性由大到小依次为:内摩擦角 φ、泊松比 μ、弹性模量 E、黏聚力 c。其中,内摩擦角和泊松比的取值对计算结果的影响最大。

因此,在工程勘察时,最好结合现场实验确定围岩物理力学参数,从而确保其取值的可靠性,保证工程设计的安全性。

3.4.3　案例3[①]

(1)工程概况

以兖州某矿主采近水平煤层为背景,借助 FLAC 3D 数值模拟软件对影响覆岩移动的4个主要因素进行正交模拟实验,并采用方差分析分析了多种因素对覆岩移动影响的敏感性,从而为煤矿开采设计和地表建筑物保护提供必要的参考依据。数值模拟计算参数见表3.53。

表3.53　数值模拟计算参数

岩性	E/MPa	μ	P/(kg·m^{-3})	φ/(°)	c/MPa	σ_t/MPa
硬顶	35 600	0.20	2 650	41	12.7	6.21
软顶	2 700	0.23	2 100	40	8.13	1.80
煤层	1 500	0.38	1 300	20	1.20	0.64
底板	2 900	0.24	2 600	40	8.62	1.93

(2)正交实验设计

从影响覆岩移动因素中选择采厚、采深、采宽及上覆岩性4个主要因素进行正交实验分析。由正交实验设计的思想,选取 $L_{16}(4^3 \times 2)$ 正交表,因素水平见表3.54。根据正交表进行数值模拟实验,正交设计计算方案见表3.55。

表3.54　因素水平

水平	因素			
	采厚/m	采深/m	采宽/m	上覆岩性
1	2	100	100	软
2	4	140	150	硬
3	6	180	200	
4	8	220	250	

①　黄震,朱术云,姜振泉,等.基于正交设计的覆岩移动影响因素敏感性分析[J].地下空间与工程学报,2013,9(1):106-112.

表 3.55　正交设计计算方案

实验号	因素				实验号	因素			
	采厚/m	采深/m	采宽/m	上覆岩性		采厚/m	采深/m	采宽/m	上覆岩性
1	2	100	100	软	9	6	100	200	软
2	2	140	150	硬	10	6	140	250	硬
3	2	180	200	硬	11	6	180	100	硬
4	2	220	250	软	12	6	220	150	软
5	4	100	150	硬	13	8	100	250	硬
6	4	140	100	软	14	8	140	200	软
7	4	180	250	软	15	8	180	150	软
8	4	220	220	硬	16	8	220	100	硬

（3）计算结果分析

数值模拟实验得到最大竖向位移计算结果见表 3.56,计算出各列的偏差平方和以及各列的自由度。选取显著性水平 $\alpha=0.01$ 和 $\alpha=0.1$,查 F 分布分位数表可知 $F_{0.01}(3,5)=12.1, F_{0.01}(1,5)=16.3, F_{0.1}(3,5)=3.62, F_{0.1}(1,5)=4.06$,计算各列的统计量 F_j,对比临界值可分别列出最大竖向位移的方差分析表(表 3.57)。

表 3.56　最大竖向位移正交实验设计计算结果

实验号	采厚/m	采深/m	采宽/m	上覆岩性	最大竖向位移/m
1	2	100	100	软	0.123
2	2	140	150	硬	0.160
3	2	180	200	硬	0.206
4	2	220	250	软	0.315
5	4	100	150	硬	0.209
6	4	140	100	软	0.170
7	4	180	250	软	0.438
8	4	220	200	硬	0.276
9	6	100	200	软	0.399
10	6	140	250	硬	0.481
11	6	180	100	硬	0.218
12	6	220	150	软	0.297
13	8	100	250	硬	0.577
14	8	140	200	软	0.506

续表

实验号	采厚/m	采深/m	采宽/m	上覆岩性	最大竖向位移/m
15	8	180	150	软	0.361
16	8	220	100	硬	0.266
K_{1j}	0.804	1.308	0.777	2.609	$T = 5.002$
K_{2j}	0.109 1	1.317	1.207	2.392	$\bar{y} = 0.313$
K_{3j}	1.395	1.223	1.386		
K_{4j}	1.709	0.154	1.811		

表 3.57　最大竖向位移方差分析表

因素	偏差平方和 S	自由度 f	F_f	显著性
采厚	0.113 578 041	3	59.01	▲▲
采深	0.004 161 212	3	2.16	
采宽	0.151 316 557 5	3	78.62	▲▲
上覆岩性	0.002 657 125	1	4.14	▲
误差项	0.003 207 858	5		

　　从表3.56可以得出影响覆岩竖向移动的最优组合为(4,2,4,1),即采厚取8 m、采深取140 m、采宽取250 m、上覆岩性为软岩。从表3.57可以看出采厚、采宽对最大竖向位移的影响高度显著,上覆岩性的影响显著,而采深对其移动的影响很小。根据F_j值,这4个因素对最大竖向位移影响的敏感性主次顺序为采宽—采厚—上覆岩性—采深。

第4章
均匀实验设计 ···○

均匀设计是 1978 年方开泰研究员和数学家王元共同提出的,也是用设计好的表格安排实验的方法。本章首先简要介绍均匀设计的创立与发展,然后介绍均匀性度量的概念,均匀设计表的构造,用均匀设计表安排实验和分析实验结果的方法,混合水平的均匀设计等内容。

4.1 均匀实验设计的基本原理

4.1.1 均匀实验设计的来源

20 世纪 70 年代,为了研制我国自己的飞航式导弹(即巡航导弹),争取在最短的时间里赶上国际先进水平。我国著名数学家王元和方开泰经过 100 多个日日夜夜地潜心研究,将数论和多元统计相结合,创造了一种新的实验设计方法——均匀设计(uniform design)。他们分析了正交实验设计法的特点指出,正交实验是将实验点在实验范围内安排得"均匀分散、整齐可比"。均匀分散性使实验点均衡地分布在实验范围内,让每个实验点有充分的代表性;整齐可比性使实验结果分析十分方便,易于估计各因素的主效应和部分交互效应,从而可以分析各因素对指标的影响大小和变化规律。可是为了照顾整齐可比性,它的实验点并不能够做到充分地均匀分散;为了达到整齐可比性,实验点就必须比较多。这启示我们不考虑整齐可比性,而让实验点在实验范围内充分地均匀分散,就可以大大地减少实验点的数量。这种单纯从均匀性出发的设计称为均匀设计。在因素数和水平数相同的情况下,均匀实验设计法较正交实验设计法安排的实验次数大大地减少了,是水平数的一次方;实验数据利用电子计算机进行多元统计处理,方便、准确,可以定量地分析各因素对实验结果的影响,定量地预报优化条件及优化结果的区间估计。他们应用均匀设计表 $U_{31}(31^{30})$ 安排了 31 次实验,就成功地解决了巡航导弹控制系统的参数设计难题,使得"海鹰一号"巡航导弹的首发命中率达到 100%。均匀设计在我国飞航式导弹的设计中得到有效的应用,使设计周期大大缩短,并节省大量费用;为我国巡航导弹的飞速发展作出了重要贡献。

几十年来,均匀设计的理论发展迅速,应用日益广泛,成功的案例与日俱增。

4.1.2 均匀设计的特点

均匀设计和正交设计相似,也是使用一套精心设计的表格安排实验,只要了解这些均匀设计表,用均匀设计安排实验就能达到我们需要的实验效果。

每一个方法都有其局限性,正交设计也不例外,它适用于因素数目较多而因素的水平数不多的实验。正交设计的实验次数至少是因素水平数的平方,若在一项实验中有 s 个因素,每个因素各有 q 个水平,用正交设计安排实验至少要做 q^2 个实验。当 q 较大时,实验次数就很大,使实验工作者望而生畏。例如,$q=10$ 时,实验次数为 100,对于大多数实际问题,要求做 100 次实验太多了。对这一类实验,均匀设计是非常有用的。

所有的实验设计方法本质上就是在实验的范围内给出挑选代表点的方法。正交设计是根据正交性准则来挑选代表点,使这些点能反映实验范围内各因素和实验指标的关系。正交设计在挑选代表点时有两个特点:均匀分散性和整齐可比性。"均匀分散"使实验点有代表性;"整齐可比"便于实验数据的分析。为了保证"整齐可比"的特点,正交设计至少要做 q^2 次实验。若要减少实验的数目,只有去掉整齐可比的要求。

均匀设计就是只考虑实验点在实验范围内的均匀分散性,而去掉整齐可比性的一种实验设计方法,它的优点是当因素数目较多时所需要的实验次数也不多。实际上均匀设计的实验次数可以是因素的水平数目,或者是因素的水平数目的倍数,而不是水平数目的平方。当然均匀设计也有其不足之处,由于不具有整齐可比性,对均匀设计的实验结果不能做直观分析。需要用回归分析的方法对实验数据做统计分析,以推断最优的实验条件,这就要求实验分析人员必须具备一定的统计知识。

4.1.3 均匀设计表

每一个均匀设计表有一个代号 $U_n(q^s)$ 或 $U_n^*(q^s)$,其中"U"表示均匀设计,n 表示要做 n 次实验,q 表示每个因素有 q 个水平。实验次数就是因素水平数目的均匀设计表,记为 $U_n(n^s)$ 或 $U_n^*(n^s)$;s 表示该表有 s 列。表 4.1 是均匀设计表 $U_7(7^4)$,它告诉我们,用这张表安排实验要做 7 次实验,这张表共有 4 列,最多可以安排 4 个因素。

表 4.1 均匀设计表 $U_7(7^4)$

实验号	1	2	3	4
1	1	2	3	6
2	2	4	6	5
3	3	6	2	4
4	4	1	5	3
5	5	3	1	2
6	6	5	4	1
7	7	7	7	7

每个均匀设计表都附有一个使用表,指示我们如何从设计表中选用适当的列,以及由这些列所组成实验方案的均匀度。表 4.2 是均匀设计表 $U_7(7^4)$ 的使用表。从使用表

中看到,若有 2 个因素,应选用 1、3 两列来安排实验;若有 3 个因素,应选用 1、2、3 这 3 列;若有 4 个因素,应选用 1、2、3、4 这 4 列安排实验。

表 4.2   均匀设计表 $U_7(7^4)$ 的使用表

S	列　　号				D
2	1	3			0.239 8
3	1	2	3		0.372 1
4	1	2	3	4	0.476 0

均匀设计表的右上角加" * "和不加" * "代表两种不同类型的均匀设计表。加" * "的均匀设计表有更好的均匀性,应优先选用。表 4.3 是均匀设计表的 $U_7^*(7^8)$,表 4.4 是它的使用表。

表 4.3   水平均匀设计表 $U_7^*(7^4)$

实验号	1	2	3	4
1	1	3	5	7
2	2	6	2	6
3	3	1	7	5
4	4	4	4	4
5	5	7	1	3
6	6	2	6	2
7	7	5	3	1

表 4.4   均匀设计表 $U_7^*(7^4)$ 的使用表

S	列　　号			D
2	1	3		0.158 2
3	1	2	3	0.213 2

使用表的最后 1 列 D 是刻画均匀度的偏差(dscrepancy)的数值,偏差值 D 越小,表示均匀度越好。

比较两个均匀设计表 $U_7(7^4)$ 和 $U_7^*(7^4)$ 及它们的使用表。今有两个因素,若选用的 $U_7(7^4)$ 的 1、3 列,其偏差 $D=0.239\ 8$,选用 $U_7^*(7^4)$ 的 1、3 列,相应偏差 $D=0.158\ 2$,后者较小,应优先择用。有关 D 的定义和计算见参考文献[5,6],本书不做介绍,读者只需知道应优先择用偏差值 D 小的实验安排。

4.1.4　均匀设计表的构造

(1) $U_n(n^s)$ 均匀设计表的构造

①首先确定表的第 1 行。给定实验次数 n 时,表的第 1 行数据由 1 ~ n 与 n 互素(最大公约数为 1)的整数构成。例如,当 $n=9$ 时,与 9 互素的 1 到 9 之间的整数有 1,2,4,5,7,8;而 3,6,9 不是与 9 互素的整数。这样表 $U_9(9^6)$ 的第 1 行数据就是 1,2,4,5,7,8。由此可见,均匀设计表的列数 s 是由实验次数 n 决定的。

②表的其余各行的数据由第 1 行生成。记第 1 行的 r 个数为 $h_1,\cdots,h_r$,表的第 $k(k<n)$ 行第 j 列的数字是 kh_j 除以 n 的余数,而第 n 行的数据就是 n。

对于表 $U_9(9^6)$,第 1 列第 1 行的数据是 $h_i=1$,其第 1 列第 $k(k<9)$ 行的数字就是 k 除以 n 的余数,也就是 k,这样其第 1 列就是 1,2,…,9。实际上,表 $U_n(q^s)$ 的第 1 列元素总是 1,2,…,n。

表 $U_n(q^s)$ 第 2 列第 1 行的数据是 $h_2=2$,其第 2 列第 $k(k<9)$ 行的数字就是 $2k$ 除以 n 的余数,也就是 2,4,6,8,1,3,5,7,9。

给出均匀设计表的实验次数 n 和第 1 行后,就可以用 Excel 软件计算出其余各行的元素,例如对 $U_9(9^6)$ 表,先把实验号和列号输入到表中,再把第 1 行数据 1,2,4,5,7,8 输入区域“B2:G2”中,然后在“B3”单元格内输入公式“=MOD($A3 * B $2,9)”,再把公式复制到区域“B2:G9”,而表中第 9 行的数据都输入 9,如图 4.1 所示。

B3　=MOD($A3*B$2,9)

	A	B	C	D	E	F	G
1	实验号\列号	1	2	3	4	5	6
2	1	1	2	4	5	7	8
3	2	2	4	8	1	5	7
4	3	3	6	3	6	3	6
5	4	4	8	7	2	1	5
6	5	5	1	2	7	8	4
7	6	6	3	6	3	6	3
8	7	7	5	1	8	4	2
9	8	8	7	5	4	2	1
10	9	9	9	9	9	9	9

图 4.1　用 Excel 软件计算均匀设计表 $U_9(9^6)$

(2) $U_n^*(n^s)$ 均匀设计表的构造

均匀设计表的列数是由实验次数 n(表的行数)决定的,当 n 为素数时可以获得 $n-1$ 列,而 n 不是素数时表的列数总是小于 $n-1$ 列。例如,$n=6$ 时只有 1 和 5 两个数与 6 互素,这说明当 $n=6$ 时用上述办法生成的均匀设计表只有 2 列,即最多只能安排两个因素,这太少了。为此,王元和方开泰建议将表 $U_7(7^6)$ 的最后一行去掉来构造 U_6。为了区别于由前面的方法生成的均匀设计表,把它记为 $U*_6(6^6)$,在 U 的右上角加一个“ * ”号。

若实验次数 n 固定,当因素数目 s 增大时,均匀设计表的偏差 D 也随之增大。所以在实际使用时,因素数目 s 一般控制在实验次数 n 的一半以内,或者说实验次数 n 要达到

因素数目 s 的 2 倍。例如，U_7 理论上有 6 列，但是实际上最多只安排 4 个因素，所以我们见到的只有 $U_7(7^4)$ 表，而没有 $U_7(7^6)$ 表。

一个需要注意的问题是，U_n 表的最后一行全部由水平 n 组成，若每个因素的水平都是由低到高排列，最后一个实验将是所有最高水平相组合。例如，在化工实验中，所有最高水平组合在一起可能使反应过分剧烈，甚至爆炸。反之，若每个因素的水平都是由高到低排列，则 U_n 表中最后一个实验将是所有低水平的组合，有时也会出现反常现象，甚至化学反应不能进行。U_n^* 表的最后一行则不然，比较容易安排实验。

U_n^* 表比 U_n 表有更好的均匀性，但是当实验数 n 给定时，有时 U_n 表也可以比 U_n^* 表能安排更多的因素。例如，对表 $U_7(7^4)$ 和表 $U_7^*(7^4)$，形式上看都有 4 列，似乎都可以安排 4 个因素，但是由使用表看到，用表 $U_7^*(7^4)$ 实际上最多只能安排 3 个因素，而表 $U_7(7^4)$ 则可以安排 4 个因素。故当因素数目较多，且超过 U_n^* 表的使用范围时可使用 U_n 表。

4.2 均匀实验设计的基本方法

4.2.1 均匀实验设计的基本步骤

以下为参考文献①中用均匀设计优选三峡围堰柔性材料配合比实例，说明用均匀设计安排实验的方法。

（1）项目概述

三峡二期围堰高 90 m，水下部分达 60 m。推荐方案用坝区风化沙砾填筑堰体，水下抛填至一定高度后分层压实，堰体形成后用冲击钻在堰体内造孔连续浇筑成防渗心墙。由于水下抛填的密实度不大，为了适应墙体较大的变形，要求增大墙体材料的柔性并保持一定的强度，且抗渗性好。由于三峡二期围堰是关系到三峡工程能否顺利建成的重要工程，其关键技术被列入国家重点攻关项目，防渗墙体柔性材料就是其中的一项重要内容。长江科学院根据三峡坝区风化沙储量丰富的特点，提出采用三峡风化沙、当地黏土和适当水泥及少量外加剂与水拌和而成的柔性防渗心墙材料（以下简称"柔性材料"）的新课题，多年来进行了大量室内、室外实验研究，部分成果已用于三峡一期围堰等工程。

（2）实验目的

按照 1993 年在武汉召开的"八五"攻关计划 C 子课题工作会议讨论的意见，确定柔性材料的配合比设计及优选的攻关目标如下：

①在弹性模量较低的范围内尽可能地提高强度，即"高强低弹"，要使单轴抗压强度

---

① 李青云，蒋顺清，孙厚才，等.用均匀设计优选三峡围堰柔性材料配合比[J].长江科学院院报，1996(03):34-37.

R28 达到 3~4 MPa,初始切线模量约 800 MPa,相应的模强比约为 250。

②防渗性能好,渗透系数小于 10^{-7} cm/s。

③拌合物流动性好,要求指标为:坍落度 18~22 cm,1 h 后坍落度在 15 cm 以上,初凝时间不小于 6 h。

(3)柔性材料的原材料组成

柔性材料的基本原料为三峡风化砂、当地黏土、水泥及少量外加剂。

①风化砂。用三峡坝区花岗岩剧烈风化物,其天然状态的粒径一般小于 20 mm,其中大于 5 mm 的颗粒约占 1/3,小于 0.1 mm 的细粒料通常小于 5%,不均匀系数 C_u 为 8%~12%。在配制的柔性材料中,风化砂占大部分,约占柔性材料质量的 70%~80%。

②土料。采用当地黏土,黏粒含量 38%,它在柔性材料中的含量约为 10%,所用土料均需配制成一定密度的泥浆,以便拌和均匀。

③水泥。实验中主要采用#425 普通硅酸盐水泥,约占柔性材料质量的 10%~15%。

(4)因素水平

柔性材料的配合比是指单位体积柔性材料中水泥、黏土、风化砂及水的用量(kg/m³),其中前三种为柔性材料原材料中的干料,是控制力学参数的关键因素;后者在前三种确定的情况下可用水胶比[水/(水泥+黏土)]的形式表达。配合比实验就是将前三种原材料的用量进行不同的搭配组合,经试拌确定水胶比后备样成型保护,按龄期测足其力学参数,据此优选满足要求的配合比。根据"七五"攻关计划及过去的柔性材料配合比实践,三种原材料中风化砂占大部分,水泥和黏土所占比例较少,但对材料的强度和弹性模量起极大作用。在柔性材料强度指标要求不高(如 R28<2.0 MPa)的情况下,比较容易找到弹性模量较小的配合比,而强度要求较高(如 R28>3.0 MPa)且弹性模量要求较低时,则需要在各原材料含量较宽的范围内详细考查它的力学性质,这样才有可能优选出满足要求的配合比。为此将各因素的含量范围适当扩大以控制各原材料含量可能出现的范围,并将各因素划分为 10 个水平,以便详细考查柔性材料的力学特性,见表 4.5。

表 4.5　因素水平

因素	水平									
	1	2	3	4	5	6	7	8	9	10
水泥 C	180	200	220	240	260	280	300	320	340	360
黏土 A	90	100	110	120	130	140	150	160	170	180
风化砂 F	1 200	1 250	1 300	1 350	1 400	1 450	1 500	1 550	1 600	1 650

(5)实验的安排与实验结果

上述 3 因素 10 水平共有 1 000 组可能的组合,既全面实验要进行 1 000 次实验。采用均匀设计,因素数目 $s=3$,因素水平 $q=10$,选用 $U_{10}(10^8)$ 均匀设计表,只需做 10 次实验。从 $U_{10}(10^8)$ 的使用表查得 $s=3$ 时,使用 $U_{10}(10^8)$ 表的第 1,5,6 列来安排实验的均匀性最好,实验的安排与实验结果见表 4.6。

表 4.6 实验的安排与结果分析

实验号	水泥 C	黏土 A	风化砂 F	抗压强度	初始弹性模量	模强比
1	1	7	5	1.75	600	342
2	2	3	10	2.03	796	392
3	3	10	4	1.62	560	345
4	4	6	9	2.52	780	309
5	5	2	3	3.20	1 110	346
6	6	9	8	3.09	800	258
7	7	5	2	4.24	1 110	262
8	8	1	7	4.05	1 350	333
9	9	8	1	3.87	920	237
10	10	4	6	4.67	1 800	385

由表 4.6 可知,10 组初选配比中有 3 组配比即 $C_6A_9F_8$,$C_7A_5F_2$ 和 $C_9A_8F_1$ 的 R28 抗压强度分别为 3.09,4.24,3.87 MPa,初始弹性模量分别为 800,1 110,920 MPa,模强比分别为 258,262 和 237,即 3 组配合比的水泥土的强度指标和模强比指标均达到了攻关目标,这表明上述实验设计是成功的。值得指出的是,对于该 3 因素 10 水平实验,如果用正交设计至少要做 100 次实验才能达到上述实验效果;如果只做 10 次实验,用正交设计方法只能将每个因素安排 3 个水平,由此可见均匀设计用于多因素多水平的实验设计具有很大的优越性。

4.2.2 均匀设计的实验结果分析

前面的例子中由实验结果直接可以看到符合要求的实验条件,由于均匀设计的实验次数相对较少,因而在多数场合下不能直接从实验中找到满意的实验条件,需要通过回归分析寻找最优实验条件。

对均匀设计结果采用回归分析时,一般先使用多元线性回归,如果线性回归的效果不够好,则使用多项式回归。当因素之间存在交互作用时,应该采用含有交叉项的多项式回归,通常采用二次多项式回归,做回归分析时要使用因素的实际数值。

例 4-1[①]　干式钻孔抽放瓦斯是防治煤与瓦斯突出事故的最有效方法之一,但其会产生大量粉尘,对矿井安全生产及人员健康造成危险,目前,针对干式钻孔的除尘措施主要有喷雾除尘、泡沫除尘及除尘器除尘,但实施过程中存在以下问题:喷雾除尘装置的除尘

① 卢义玉,王洁,蒋林艳,等. 煤层钻孔孔口除尘装置的设计与实验研究[J]. 煤炭学报,2011,36(10):1725-1730.

效率随供水压力增大而提高,而较高的水压存在能耗大、装置零部件易出故障、寿命短的问题,且喷嘴直径大小对粉尘捕集效果影响较大,而直径过小又容易造成堵塞,泡沫除尘对泡沫药剂配方及添加比例要求较高,且操作工艺复杂;除尘器体积大、所需泵压高、能耗大、井下运移不便。这些问题在一定限度上限制了干式钻孔的除尘措施,为了解决干式钻孔产生的粉尘污染问题,剔除通过有压水流从喷嘴以一定速度喷出而引起的负压场卷吸煤尘进入除尘器,并与水流充分混合后排出,从而达到除尘的效果。

解: 为了提高水射流除尘器的吸气量,选取了工作压力(A)、喉嘴距(B)、面积比(C)、喉管长径比(D)4 个因素,各取了 6 个水平,见表 4.7。

表 4.7 因素水平表

因素	水平					
	1	2	3	4	5	6
A/MPa	0.3	0.4	0.5	0.6	0.7	0.8
B/mm	5	8	11	14	17	20
C	6.5	7.2	7.9	8.6	9.3	10.0
$\dfrac{D}{d^2}$	5.0	5.4	5.8	6.2	6.6	7.0

根据因素和水平,选取均匀设计表 $U_6^*(6^4)$ 来安排该实验,其实验方案见表 4.8。

表 4.8 煤层钻孔孔口除尘装置的设计实验方案 $U_6^*(6^4)$

编号	A	B	C	D
1	0.3(1)	8(2)	7.9(3)	7.0(6)
2	0.4(2)	14(4)	10.0(6)	6.6(5)
3	0.5(3)	20(6)	7.2(2)	6.2(4)
4	0.6(4)	5(1)	9.3(5)	5.8(3)
5	0.7(5)	11(3)	6.5(1)	5.4(2)
6	0.8(6)	17(5)	8.6(4)	5.0(1)

根据设计的实验方案,实验获得吸气量的实验数据,见表 4.9。

表 4.9 煤层钻孔孔口除尘装置的设计实验方案

编号	A	B	C	D	吸气量 Q
1	0.3(1)	8(2)	7.9(3)	7.0(6)	480
2	0.4(2)	14(4)	10.0(6)	6.6(5)	504
3	0.5(3)	20(6)	7.2(2)	6.2(4)	525
4	0.6(4)	5(1)	9.3(5)	5.8(3)	520

续表

编号	A	B	C	D	吸气量 Q
5	0.7(5)	11(3)	6.5(1)	5.4(2)	463
6	0.8(6)	17(5)	8.6(4)	5.0(1)	429

如果采用直观分析法,3 号实验方案设计出的装置吸气能力最强,实际装置可按照 3 号实验条件进行设计。

如果对上述实验结果进行回归分析,设 X_1、X_2、X_3、X_4 分别为工作压力、喉嘴距、面积比、喉管长径比,Y 为水射流除尘器吸气量,采用多项式回归分析,得到回归方程为

$$Y=-319.085+1\ 277x_1+126.206x_3-1\ 258.568x_1{}^2-7.478x_3{}^2$$

该回归方程相关系数 $R=0.999\ 7$,$F=495$,当 $\alpha=0.05$ 时,F 检验临界值 $F_{m,n-m-1}(\alpha)=F_{4,1}(0.05)=425$,$F>F_{4,1}(0.05)$,$F$ 检验通过,可见所求的回归方程可信。

由回归方程可以看出,在考查范围内,工作压力 X_1 和面积比 X_3 对水射流除尘器的吸气量有显著作用,分别令 $\dfrac{\partial Y}{\partial X_1}$ 与 $\dfrac{\partial Y}{\partial X_3}$ 等于 0,可求得 $X_1=0.5$ MPa,$X_3=8.6$,此时 Y 有最大值 537 L/min。而喉嘴距 X_2 和喉管长径比 X_4 对吸气量影响不显著,已在回归方程中剔除,因此进一步安排单因素实验确定喉嘴距 X_2 和喉管长径比 X_4 的最优取值。

固定工作压力 $X_1=0.5$ MPa,面积比 $X_3=8.6$,喉管长径比 $X_4=5.0$,调节喉嘴距 X_2,实验结果如图 4.2 所示,当喉嘴距 $X_2=20$ mm 时,吸气量达到最大。

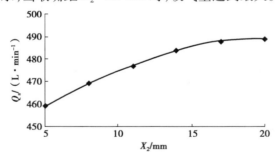

图 4.2　喉嘴距 X_2 对吸气量的影响

固定工作压力 $X_1=0.5$ MPa,面积比 $X_3=8.6$,喉嘴距 $X_2=20$ mm,变化喉管长径比 X_4,实验结果如图 4.3 所示,当喉管长径比 $X_4=6.2$ 时,吸气量达到最大。

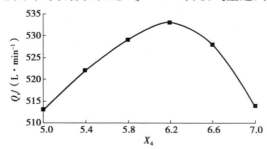

图 4.3　喉管长径比 X_4 对吸气量的影响

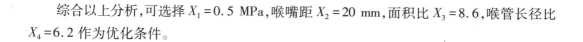
综合以上分析,可选择 $X_1=0.5$ MPa,喉嘴距 $X_2=20$ mm,面积比 $X_3=8.6$,喉管长径比 $X_4=6.2$ 作为优化条件。

4.3 非常规均匀实验设计

由于实际问题千变万化,很多场合需要把均匀设计灵活地运用到不同的问题中,可以从 3 个方面介绍灵活运用均匀设计的方法。

4.3.1 水平数较少的均匀设计

当因素水平较低时,要使用实验次数大于因素水平数目的均匀设计表 $U_n(q^s)$,不要使用实验次数等于因素水平数目的均匀设计表 $U_n(n^s)$ 或 $U_n^*(n^s)$。因为实验的次数太少,就不能有效地对实验数据做回归分析。这时可以把实验的次数定为因素水平数目的 2 倍。

例如,有 $s=4$ 个因素,每个因素的水平数目 $q=5$,这时需要安排 $n=10$ 次实验。为此,一个简单的方法是采用拟水平法,把 5 个水平的因素虚拟成 10 个水平的因素,使用均匀设计表 $U_{10}^*(10^8)$ 安排实验,但是这种方法的均匀性不够好。实际上这个问题可以直接使用 $U_{10}(5^s)$ 均匀设计表安排实验。对一般的实验次数大于因素水平数的问题可以直接使用 $U_n(q^s)$ 均匀设计表安排实验。

4.3.2 混合水平的均匀设计

均匀设计表适用于因素水平数较多的实验,但在具体实验中,往往很难保证不同因素水平数相等,直接利用等水平的均匀实验设计表来安排实验就有一定的困难。下面介绍采用拟水平法将等水平均匀表转化成混合水平均匀表的方法。

如果某实验中,有 A、B、C 3 个因素,其中,因素 A、B 有 3 水平,因素 C 有 2 水平。这个实验可采用拟水平法对等水平表进行改造。我们选均匀设计表 $U_6^*(6^5)$,根据使用表,取其前 3 列。将 A 和 B 放在 1、2 列,C 放在第 3 列,并将第 1、2 列的水平作如下改造:

$$\{1,2\}\rightarrow1;\quad\{3,4\}\rightarrow2;\quad\{5,6\}\rightarrow3$$

第 3 列的水平作如下改造:

$$\{1,2,3\}\rightarrow1;\quad\{4,5,6\}\rightarrow2$$

这样,便得到了一个混合水平的均匀设计表 $U_6(3^2\times2^1)$,见表 4.10,把因素 A、B、C 依次放在 $U_6(3^2\times2^1)$ 的第 1、2、3 列上即可。

表 4.10 均匀设计表 $U_6(3^2\times2^1)$

实验号	列号		
	1	2	3
1	(1)1	(2)1	(3)1

续表

实验号	列号		
	1	2	3
2	(2)1	(4)2	(6)2
3	(3)2	(6)3	(2)1
4	(4)2	(1)1	(5)2
5	(5)3	(3)2	(1)1
6	(6)3	(5)3	(4)2

注:括号内的数字为改造前的水平数。

表4.10有很好的均匀性,如第1和第3列、第2和第3列的所有水平搭配均衡,出现且只出现一次。但不一定每次拟水平设计都这么好。例如,某实验考查 A、B、C 3个因素,A、B 为5个水平,C 为2个水平,用均匀设计安排实验。假设选用均匀设计表 $U_{10}^*(10^{10})$ 来安排,并参照 $U_{10}^*(10^{10})$ 使用表选用1、2、3这3列。现将1、2列的水平作如下改造:

$$\{1,2\}\to 1,\{3,4\}\to 2,\{5,6\}\to 3,\{7,8\}\to 4,\{9,10\}\to 5$$

第3列的水平作如下改造:

$$\{1,2,3,4,5\}\to 1,\{6,7,8,9,10\}\to 2$$

这样,便得到了表4.11所示的混合水平均匀设计表。

表4.11 拟水平设计 $U_{10}(5^2\times 2^1)$

实验号	列号		
	1	2	3
1	(1)1	(2)1	(3)1
2	(2)1	(4)2	(6)2
3	(3)2	(6)3	(9)2
4	(4)2	(8)4	(1)1
5	(5)3	(10)5	(4)1
6	(6)3	(1)1	(7)2
7	(7)4	(3)2	(10)2
8	(8)4	(5)3	(2)1
9	(9)5	(7)4	(5)1
10	(10)5	(9)5	(8)2

现在考查表4.11的均衡性,第2列和第3列的水平组合中,有2个(2,2),但没有(2,1);有2个(4,1),但没有(4,2),因此这个混合均匀表的均衡性不好。

但同样的实验,若选用 $U_{10}^*(10^{10})$ 的第 1、2、5 这 3 列,用同样的拟水平方法,可以获得见表 4.12 的 $U_{10}(5^2 \times 2^1)$ 均匀设计表。

表 4.12　拟水平设计 $U_{10}(5^2 \times 2^1)$

实验号	列号		
	1	2	3
1	(1)1	(2)1	(5)1
2	(2)1	(4)2	(10)2
3	(3)2	(6)3	(4)1
4	(4)2	(8)4	(9)2
5	(5)3	(10)5	(3)1
6	(6)3	(1)1	(8)2
7	(7)4	(3)2	(2)1
8	(8)4	(5)3	(7)2
9	(9)5	(7)4	(1)1
10	(10)5	(9)5	(6)2

表 4.12 有很好的均衡性。由此可见,对同一个等水平均匀表进行拟水平设计,可以得到不同的混合均匀表,这些表的均衡性也不相同,而且参照使用表得到的混合均匀表不一定都有较好的均衡性。本书附录给出了一批用拟水平法生成的混合水平均匀表,可以直接参考选用。在混合均匀表的任一列上,不同水平出现次数是相同的,但出现次数不小于1,所以实验次数与各因素的水平数一般不一致,这与等水平的均匀表不同。

4.3.3　含有定性因素的均匀设计

当存在定性因素的时候,可以采用伪变量的处理方法,将定性因素转化为定量值。

例 4-2　在煤颗粒润湿实验中,需要考虑 4 个因素对煤颗粒润湿效率的影响:

润湿时间 T:0,2,4,6,8,10,12,14,16,18,20,22 h。

润湿液体含量 D:1,2,3,4,5,6 mL。

润湿液体类型 A:A_1,A_2,A_3,A_4。

煤类型 B(无烟煤 B_1、烟煤 B_2、褐煤 B_3):4 个因素,其中可以看出 D、T 为定量因素,A、B 为定性因素。

这个实验先采用拟水平法对水平表进行改造,选用均匀设计表 $U_{12}(12^1 \times 6^1 \times 4^1 \times 3^1)$,第一列安排润湿时间 T,分为 12 个水平,第二列安排煤颗粒粒径大小 D,分为 6 个水平,第三列安排润湿液体类型 A,分为 4 个水平,第四列安排煤的类型 B,分 3 个水平,见表 4.13。

表 4.13　$U_{12}(12^1 \times 6^1 \times 4^1 \times 3^1)$

编号	1	2	3	4
1	1(0)	1(1)	1(A_1)	2(B_2)
2	2(2)	2(2)	2(A_2)	3(B_3)
3	3(4)	3(3)	3(A_3)	2(B_2)
4	4(6)	4(4)	4(A_4)	3(B_3)
5	5(8)	5(5)	1(A_1)	1(B_1)
6	6(10)	6(6)	2(A_2)	3(B_3)
7	7(12)	1(1)	3(A_3)	1(B_1)
8	8(14)	2(2)	4(A_4)	3(B_3)
9	9(16)	3(3)	1(A_1)	1(B_1)
10	10(18)	4(4)	2(A_2)	2(B_2)
11	11(20)	5(5)	3(A_3)	1(B_1)
12	12(22)	6(6)	4(A_4)	2(B_2)

为了进行定量分析,引进 5 个伪变量(将因素化成 $i-1$ 个 n 维伪变量),记号和取值如下:

A 因素:

$Z_{31} = ($　1　0　0　0　1　0　0　0　1　0　0　0　$)$

$Z_{32} = ($　0　1　0　0　0　1　0　0　0　1　0　0　$)$

$Z_{33} = ($　0　0　1　0　0　0　1　0　0　0　1　0　$)$

B 因素:

$Z_{41} = ($　0　0　0　0　1　0　1　0　1　0　1　0　$)$

$Z_{42} = ($　1　0　1　0　0　0　0　0　0　1　0　1　$)$

和 D、T 一起进行回归分析:

$$y = \beta + \beta_1 X + \beta_2 T + \beta_3 Z_{31} + \beta_4 Z_{32} + \beta_5 Z_{33} + \beta_6 Z_{41} + \beta_7 Z_{42} + \beta_8 X^2 + \beta_9(t \cdot Z_{32}) + \varepsilon$$

得到结果:

$\beta_0 = -3\,898.364\,2$

$\beta_1 = 98.864\,9$

$\beta_2 = 9.860\,0$

$\beta_3 = 199.987\,5$

$\beta_4 = 144.792\,7$

$\beta_5 = 101.690\,2$

$\beta_6 = -91.320\,0$

$\beta_7 = -41.692\,0$

$\beta_8 = -0.493\ 7$

$\beta_7 = 11.060\ 0$

$R = 1.000\ 0$

$F = 14\ 170.588\ 3$

最终得到最佳状态组合的 A 取 2，B 取 3。

4.4　工程案例

4.4.1　案例 1[①]

根据实验目的及因素水平确定实验安排。

（1）项目概述

采煤机是综采工作面的主要设备之一，其运动学参数的选取对采煤机的工作效率及可靠性有很大影响。如何优化这些参数，使采煤机达到经济截割是煤机行业广泛关注的问题之一，而传统的经验设计和静态研究方法对求解其经济截割等最优问题存在较大的局限性。为解决这一类问题，目前多采用动力学分析软件对模型进行研究，基于不同工况的仿真得到关注零件上的应力、应变信息。但工况众多时，将会消耗大量的人力和时间，因此寻找一种全新的研究方法十分必要。

（2）实验目的

以均匀设计方法，基于某些工况，在 MATLAB 中生成少量仿真载荷作为样本，通过虚拟样机技术对样本载荷工况进行仿真，得到关注零件的应力、应变、可靠性信息，以 BP 神经网络对仿真结果进行学习，再对更广泛的工况进行预测分析，直至找到各工况的最优生产率，该方法与传统的单纯依靠虚拟样机进行仿真的方法相比，可大大提高工作效率，节省人力及时间，且分析结果准确、可靠。

（3）采煤机数据

以某煤机公司开发的 MG2*70/325-BWD 型电牵引采煤机为工程对象，近水平工作面，平均采高 1.25 m。

（4）因素水平

将煤层坚固性系数、采煤机牵引速度以及滚筒截割深度作为 3 个影响采煤机工作可靠性的因素，将这 3 个因素取值范围划分成 9 份形成样本实验因素水平，见表 4.14。

① 赵丽娟，刘旭南，马联伟. 基于经济截割的采煤机运动学参数优化研究［J］. 煤炭学报，2013，38（8）：1490-1495.

表 4.14　样本实验因素水平

因素	水平								
	1	2	3	4	5	6	7	8	9
煤层坚固性系数 f	1.000	1.375	1.750	2.125	2.500	2.875	3.250	3.625	4.000
采煤机牵引速度 $v_q/(\mathrm{m \cdot min^{-1}})$	2.000	2.375	2.750	3.125	3.500	3.875	4.250	4.625	5.000
滚筒截割深度 B/mm	0.550	0.560	0.570	0.580	0.590	0.600	0.610	0.620	0.630

(5)实验安排

根据因素和水平,选择均匀设计表 $U_9^*(9^4)$ 或 $U_9(9^5)$。从它们的使用表中可以查到,当 $s=3$ 时,两个表的偏差分别为 0.198 0 和 0.310 2,故应当选用 $U_9^*(9^4)$ 来安排该实验,其实验方案列于表 4.15 中。该方案是将 3 个因素分别放在 $U_9^*(9^4)$ 表的后 3 列而获得的。

表 4.15　样本试样方案

编号	煤层坚固性系数 f	采煤机牵引速度 $v_q/(\mathrm{m \cdot min^{-1}})$	滚筒截割深度 B/mm
1	1.750	5.000	0.61
2	1.000	2.750	0.63
3	2.125	2.375	0.60
4	3.250	2.000	0.57
5	2.500	3.500	0.59
6	3.625	3.125	0.56
7	1.375	3.875	0.62
8	4.000	4.250	0.55
9	2.875	4.625	0.58

4.4.2　案例2[①]

根据实际需求确定因素水平数,并确定均匀设计实验安排,对实验结果进行分析。

---

① 晋萍,俞蕙,刘士然. 均匀设计与优化技术在型煤抗压强度实验中的应用[J]. 山西化工,1997(1):51-53.

（1）项目概况

抗压强度是型煤的一项重要质量指标。在黏结剂冷压成型中，抗压强度与诸多因素有着错综复杂的关系，如原料煤粒度、黏结剂参量、成型水分、成型压力等。它们不仅直接影响型煤强度，而且彼此间又有交互作用。为保证型煤具有足够的抗压强度，往往需要做一系列重复实验，才能确定较适宜的成型工艺参数。

（2）实验目的

均匀设计是一种新颖的多因素多水平实验设计方法，用其安排实验，实验次数较正交设计法显著减少。对实验数据用微机进行回归分析，可得到定量描述实验内在规律的回归方程。继而，以回归方程构造目标数，以变量取值范围作约束条件，用微机进行优化处理。最后，对优化指标进行实验验证。

（3）型煤原料组成

黏结剂与型煤成型：黏结剂为 TU-XI 复合防水黏结剂，由黏结剂 TU 与黏结剂 XI 分别配制复合而成。将适量黏结剂 XI 配制成溶液，掺入适量的黏结剂 TU，再将其配入原料煤中混合均匀，用 QX-5 型嵌样机压制成型煤。

（4）因素水平

影响强度实验的主要因素为原料煤粒度、黏结剂 TU 掺量、黏结剂 XI 溶液掺量与浓度、成型水分及成型压力。其考查范围如：原料煤粒度（0~1.5 mm）、黏结剂 TU 掺量（7.0%~10.0%）、XI 掺量（2.1%~2.7%）、成型水分（12.5%~20.0%）、成型压力（3.0×10^2~6.0×10^2 kg/cm^2）、XI 溶液比重（1.20~1.23）。

为降低原材料消耗，在原工作基础上，将每个因素平均分为 4 个水平，见表 4.16。

表 4.16 因素水平表

因素		水平			
代号	名称	1	2	3	4
X_1	原料煤粒度/mm	0~0.8	0~1.0	0~1.2	0~1.5
X_2	TU 掺量/%	7.0	8.0	9.0	10.0
X_3	XI 掺量/%	2.1	2.3	2.5	2.7
X_4	成型水分/%	12.5	14.3	16.7	20.0
X_5	成型压力/（$10^2 \cdot$ kg $\cdot$ cm^{-2}）	3.0	4.0	5.0	6.0
X_6	XI 溶液比重	1.20	1.21	1.22	1.23

（5）实验安排与实验结果

为使实验比较精确，采用均匀设计表 $U_{24}(24^{20})$，具体实验安排与结果见表 4.17。

表 4.17　实验安排与结果

序号	因素					
	X_1	X_2	X_3	X_4	X_5	X_6
1	1(0.8)	4(7)	6(2.1)	14(14.3)	16(5.0)	24(1.23)
2	2(0.8)	8(8)	12(2.3)	3(20.0)	7(4.0)	23(1.22)
3	3(0.8)	12(8)	18(2.5)	17(14.3)	23(6.0)	22(1.21)
4	4(0.8)	16(9)	24(2.7)	6(20.0)	14(5.0)	21(1.20)
5	5(0.8)	20(10)	5(2.1)	20(12.5)	5(3.0)	20(1.23)
6	6(0.8)	24(10)	11(2.3)	9(16.7)	21(6.0)	19(1.22)
7	7(1.0)	3(7)	17(2.5)	23(12.5)	12(4.0)	18(1.21)
8	8(1.0)	7(8)	23(2.7)	12(16.7)	3(3.0)	17(1.20)
9	9(1.0)	11(8)	4(2.1)	1(20.0)	19(6.0)	16(1.23)
10	10(1.0)	15(9)	10(2.3)	15(14.3)	10(4.0)	15(1.22)
11	11(1.0)	19(10)	16(2.5)	4(20.0)	1(3.0)	14(1.21)
12	12(1.0)	23(10)	22(2.7)	18(14.3)	17(5.0)	13(1.20)
13	13(1.2)	2(7)	3(2.1)	7(16.7)	8(4.0)	12(1.23)
14	14(1.2)	6(7)	9(2.3)	21(12.5)	24(6.0)	11(1.22)
15	15(1.2)	10(8)	15(2.5)	10(16.7)	15(5.0)	10(1.21)
16	16(1.2)	14(9)	21(2.7)	24(12.5)	6(3.0)	9(1.20)
17	17(1.2)	18(9)	2(2.1)	13(4.3)	22(6.0)	8(1.23)
18	18(1.2)	22(10)	8(2.3)	2(20.0)	13(5.0)	7(1.22)
19	19(1.5)	1(7)	14(2.5)	16(14.3)	4(3.0)	6(1.21)
20	20(1.5)	5(7)	20(2.7)	5(20.0)	20(6.0)	5(1.20)
21	21(1.5)	9(8)	1(2.1)	19(12.5)	11(4.0)	4(1.23)
22	22(1.5)	13(9)	7(2.3)	8(16.7)	2(3.0)	3(1.22)
23	23(1.5)	17(9)	13(2.5)	22(12.5)	18(5.0)	2(1.21)
24	24(1.5)	21(10)	19(2.7)	11(16.7)	9(4.0)	1(1.20)

　　测试方法为采用 ZZH-4 型压力实验机进行测试,取 10 次实测结果的算术平均值为其抗压强度(kg/个)。其中冷强度为室温下的测试结果,湿强度为浸泡 24 h 后。在表中加入目标(Y_1 冷强度、Y_2 湿强度,单位均为 kg/个),见表 4.18。

表 4.18 型煤抗压强度实验安排

序号	因素						目标	
	X_1	X_2	X_3	X_4	X_5	X_6	Y_1	Y_2
1	1(0.8)	4(7)	6(2.1)	14(14.3)	16(5.0)	24(1.23)	37.0	14
2	2(0.8)	8(8)	12(2.3)	3(20.0)	7(4.0)	23(1.22)	35.8	12
3	3(0.8)	12(8)	18(2.5)	17(14.3)	23(6.0)	22(1.21)	40.4	20
4	4(0.8)	16(9)	24(2.7)	6(20.0)	14(5.0)	21(1.20)	34.6	20
5	5(0.8)	20(10)	5(2.1)	20(12.5)	5(3.0)	20(1.23)	53.2	23
6	6(0.8)	24(10)	11(2.3)	9(16.7)	21(6.0)	19(1.22)	47.2	20
7	7(1.0)	3(7)	17(2.5)	23(12.5)	12(4.0)	18(1.21)	28.0	10
8	8(1.0)	7(8)	23(2.7)	12(16.7)	3(3.0)	17(1.20)	22.8	6
9	9(1.0)	11(8)	4(2.1)	1(20.0)	19(6.0)	16(1.23)	28.0	12
10	10(1.0)	15(9)	10(2.3)	15(14.3)	10(4.0)	15(1.22)	32.8	10
11	11(1.0)	19(10)	16(2.5)	4(20.0)	1(3.0)	14(1.21)	31.2	12
12	12(1.0)	23(10)	22(2.7)	18(14.3)	17(5.0)	13(1.20)	34.8	18
13	13(1.2)	2(7)	3(2.1)	7(16.7)	8(4.0)	12(1.23)	28.8	16
14	14(1.2)	6(7)	9(2.3)	21(12.5)	24(6.0)	11(1.22)	39.2	14
15	15(1.2)	10(8)	15(2.5)	10(16.7)	15(5.0)	10(1.21)	43.8	18
16	16(1.2)	14(9)	21(2.7)	24(12.5)	6(3.0)	9(1.20)	48.0	21
17	17(1.2)	18(9)	2(2.1)	13(4.3)	22(6.0)	8(1.23)	55.2	25
18	18(1.2)	22(10)	8(2.3)	2(20.0)	13(5.0)	7(1.22)	42.6	25
19	19(1.5)	1(7)	14(2.5)	16(14.3)	4(3.0)	6(1.21)	34.4	147
20	20(1.5)	5(7)	20(2.7)	5(20.0)	20(6.0)	5(1.20)	31.4	16
21	21(1.5)	9(8)	1(2.1)	19(12.5)	11(4.0)	4(1.23)	47.8	23
22	22(1.5)	13(9)	7(2.3)	8(16.7)	2(3.0)	3(1.22)	37.0	16
23	23(1.5)	17(9)	13(2.5)	22(12.5)	18(5.0)	2(1.21)	52.0	23
24	24(1.5)	21(10)	19(2.7)	11(16.7)	9(4.0)	1(1.20)	48.8	25

对表 4.18 数据进行多项式逐步回归分析,得到回归方程:

$$Y_1 = 30.990\,59 + 3.778\,54X_4 + 1.446\,84X_5 - 0.001\,21/\ln X_1 - 1\,376.682/X_2^2$$

其中,复相关系数 $R = 0.944\,6$,标准差 $S = 3.32$,检验值 $F = 23.47 \gg F_0 = 2.25$,说明方程高度显著。

由回归方程可以看出：

X_3 和 X_6 已被剔除出方程，表明 XI 黏结剂掺量与浓度在考查范围内对型煤强度影响不显著。

原料煤粒径 X_1 为 0 ~ 1 mm 即细微粒煤占优势时，对型煤强度的贡献为"正"；随着较大粒煤所占比例增加，会带来"负"效应，强度有下降趋势。因此，为了提高型煤的强度，在原料煤粒度搭配时，细微粒煤应占一定比例。

在一定程度上增大成型水分 X_4 与成型压力 X_5，会使型煤强度有所增加。

型煤强度随 TU 黏结剂掺量 X_2 的增加而增大，且呈平方关系，X_2 对强度影响显著。

第5章
相似实验设计 ⋯⋯⋯⋯⋯⋯⋯⋯⋯⋯⋯⋯⋯⋯⋯⋯⋯⋯⋯⋯⋯⋯ ◯

5.1 相似实验设计的特点

相似实验是现阶段实验方法中非常重要的一环,它能将工程尺度的实验缩放到实验室尺度,或者根据研究需求在不改变结果的前提下改变物理过程的行进时间,在降低实验成本的同时提升了实验方法的多样性。相似实验不仅注重外形与实验对象的相似性,更注重模型和实验对象的同步性,与简单地缩小研究对象尺寸有着严格而又清晰的分界线。

当前,对于相似实验的研究,国内外相关学者已经做了非常多的探索。早在20世纪60年代,对岩土相似材料的研究就已经开始了。意大利结构模型实验所(ISMES)的专家E. Fumagalli提出了一种专为模拟工程岩土力学的相似模拟实验技术。国内关于相似模型的研究开始于20世纪70年代,为了利用相似模型来分析大型水利水电工程中边坡的稳定性,国内许多单位也对相似模拟技术进行了比较深入的研究并且也取得了一些成果,比如中国科学院武汉岩土力学研究所、清华大学、长江科学院、中国水利水电科学研究院、武汉大学、山东大学岩土与结构工程研究中心等单位。

相似模拟实验技术是一种便于操作、对原型进行有针对性的研究、发展比较早的研究岩土力学特性的探索手段,也就是根据模型实验相似原理,在实验室内采用某种模型相似材料(单一的或多种材料混合而成的)浇筑制作成相似模型,通过观测模型上的应力、应变来判断和分析原型上所发生的力学现象以及应力-应变的变化特性,从而为岩土工程的设计和施工方案的选择提供更加合理科学的依据。长期以来,在研究实际工程中复杂岩体受力特性时,岩土相似模拟技术就显示出其他研究手段无可替代的地位,从而体现出此技术在研究岩土力学方面的优越性。

在工程实验方面,大部分问题是对于整体结构的研究,考虑到设备的能力以及经济条件等因素,通常会采用缩小比例的结构模型进行实验。而只有满足相似条件的模型,才会具有实际结构的部分或者全部特征,通过该实验所获得的结果才能直接使用在相似的原型结构上。相似模型实验的优点主要有以下几点:

①相较于原型实验更加经济。因为相似实验的尺寸对比于原型结构一般小很多,比例常见的有1∶10、1∶100等,对于地层方面的模拟甚至可以达到1∶1 000。相似模型拆装容易,节省材料和时间,节约研究成本。

②实验目的易于控制。一方面相似模型的实验条件比现场更加丰富,可根据实验目

的随时调整;另一方面模型设计初期可以突出主要因素,忽略次要因素,而这些想法在原型结构上是不易于控制的。

③所获得的数据干扰更小,比较准确。由于相似模型体积小,一般可在实验环境条件较好的室内进行实验,可以排除许多外界因素的干扰,保证实验结果的准确度,对验证和推动计算理论的发展具有一定的意义。

但相似模拟也有局限性。首先,相似模型的本质在于原型放大或缩小后其物质不变,即物质的点距仅随着比例在空间上增大或缩小而已。所以在模型设计时,模型的条件往往不能满足,即模型的"畸变"现象就在所难免,会给实验带来一定的困难。其次,相似模型实验结果的"正确性"是相对的,很大程度上依赖人们对现象的主观判断。因为需要研究的往往是不太了解的事物。在量纲分析时也难以辨别量纲相同的量、零量纲的量,更难辨别量纲的主次性,建立相似准则时容易漏项等,都是相似模型实验分析方法的不足。

总之,结构模型实验的意义不仅是确定结构的工作性能和验证有限的结构理论,而是能够使人们从有限理论知识的束缚中解放出来,将设计活动扩大到实际结构的大量有待探索的领域中。

5.2 相似定理

在相似实验设计中所谈论的"相似"比通常人们认为的几何相似概念更加广泛,这里的相似所指的是模型和原型相对应的物理量相似。在转换的过程中,相应的物理量对应会保持比例,并且为一个常数,但这些常数又存在相互制约的现象。在相似理论中,系统是按一定关系组成的同类现象的集合,现象就是由物理量所决定的、发展变化中的具体事物或过程。下面介绍几个主要物理量的相似,约定下标为 p 的物理量代表原型(prototype),下标为 m 的物理量代表相似模型(model)。

5.2.1 几何相似

如果相似模型上所有方向的线性尺寸均按实物的相应尺寸用同一比例常数 C_l 确定,则模型与原型的几何尺寸相似。几何相似用数学形式可表达为

$$C_l = \frac{l_m}{l_p} = \frac{l'_m}{l'_p} \tag{5.1}$$

式中 C_l——几何相似常数;

  l——长度物理量。

5.2.2 载荷相似

如果模型所有位置上作用的荷载与原型在对应位置上的荷载方向一致,大小成同一比例,则称为荷载相似,用公式表达为

$$C_p = \frac{P_m}{P_p} = \frac{P'_m}{P'_p} \tag{5.2}$$

式中　C_p——载荷相似常数；

　　　P——静载荷物理量。

5.2.3　时间相似

时间相似不一定强调相同的时刻，而是指对应的时间间隔保持同一比例，用公式表达为

$$C_t = \frac{t_m}{t_p} = \frac{t'_m}{t'_p} \tag{5.3}$$

式中　C_t——时间相似常数；

　　　t——描述时间间隔的物理量。

5.2.4　质量相似

$$C_m = \frac{m_m}{m_p} = \frac{m'_m}{m'_p} \tag{5.4}$$

式中　C_m——质量相似常数；

　　　m——表示质量的物理量。

5.2.5　边界条件相似

该相似是要求模型和原型在与外界接触的区域内的各种条件保持相似，即要求支承、受力情况或者加载条件相似。

5.2.6　初始条件相似

为了保证在力学过程中模型所表现出来的力学行为能与原型的动力反应相似，就必须保证初始时刻运动参数的相似性，如位置、速度、加速度等。这些基本物理参量需保证与原型呈现一定的比例，并且方向一致。

比如，对于两个相似的三角形 A、B，其对应的边互成比例，如图 5.1 所示。

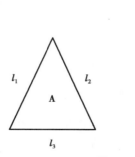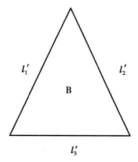

图 5.1　相似三角形

三角形的对应边有如下比例关系：

$$\frac{l_1}{l_1'} = \frac{l_2}{l_2'} = C_1$$

其中，C_1 就叫作这两个三角形的相似常数。若将同一个三角形的两边相比，则在所有的相似三角形中，比值必定为同一数值：

$$\frac{l_1}{l_2} = \frac{l_1'}{l_2'} = L_{12}$$

这种在相似三角形中都保持同一数值的比值 L_{12} 叫作相似定数。

对于圆形，所有的圆形都是互相相似的，我们可以通过公式 $S = \pi r^2$ 计算这些圆形的面积。故只要得到圆形的半径 r，就可以得出圆形的面积 S，此时半径 r 称为该圆形的特征长度，又叫作该研究对象的几何单值条件。

单值条件包括初始条件、边界条件、几何条件、物理条件。初始条件是指非稳态问题中初始时刻的物理量的分布，稳态问题不需要这一条件。边界条件是所研究系统边界上的温度、速度分布等条件。几何条件是指换热表面的几何形状、位置以及表面的粗糙程度等。物理条件指物体的种类与物性。

根据上述的相似关系，现阶段提出了 3 个相似定理，用于研究自然界相似现象的性质和鉴别相似现象的基本原理。

(1) 相似第一定理

相似第一定理，又称为相似正定理，其主要内容为：相似的现象，其单值条件相似，相似指标等于 1 或相似准数的数值相同。这一定理是对相似现象的一种说明，也是现象相似的必然结果。

比如牛顿第二定律的数学表达式：

$$F = ma \tag{5.5}$$

对于原型，具有关系 $F = ma$，对于相似模型，具有关系 $F' = m'a'$，那么其对应的相似常数为

$$C_F = \frac{F'}{F} \tag{5.6}$$

$$C_m = \frac{m'}{m} \tag{5.7}$$

$$C_a = \frac{a'}{a} \tag{5.8}$$

将上式整理代入原方程可得

$$\frac{C_F}{C_m C_a} F = ma \tag{5.9}$$

表达式与原表达式相比，多了一个系数 $C_F/C_m C_a$，该系数常用 C 表示。由于牛顿第二定律只有一个，若牛顿第二定律能够成立，则 C 必须等于 1，否则，牛顿第二定律就不能成立。该系数则称为相似指标。

而对于牛顿第二定律 $F = ma$，自由落体运动计算公式 $S = gt^2/2$ 等问题，我们也可以用

如下表达式来描述：

$$\frac{F}{ma} = 1 \tag{5.10}$$

$$\frac{S}{gt^2} = \frac{1}{2} \tag{5.11}$$

上述表达式都是无量纲的等式,准确地反映了自然规律性,这些等式就称为相似准数或相似准则。当现象一定时,现象的相似准数是不能改变的定值,因为现象反映的规律不能够随意更改,所以相应的相似准数才能成为不能改变的定值。不难看出,相似准数 π 具有 3 个特点:对于给定的现象,π 值是唯一的,即 π 是不能改变的常量;对于不同的现象有不同的 π 值;π 能够用幂函数的形式表示。

因此可以说,自然界的现象总是遵循某一规律,其描述现象特性的各个量之间总是存在着一定的关系。利用相似的概念来阐明这些物理量之间所存在的关系,即相似第一定理的内容。

当用相似第一定理指导模型研究时,首先必须导出相似准数(又叫相似准则),然后在模型实验中测量所有与相似准则有关的物理量,借此推断原型的性能。但这种测量与单个物理量泛泛地测量不同,由于它们均处于同一准则之中,因此在几何相似得以保证的条件下,可以找到各物理量相似常数间的倍数(或比例)关系。模型实验中的测量,就在于以有限实验点的测量结果为依据,充分利用这种倍数(或比例)关系,而不着眼于测取大量物理量的具体数值。

对于一些微分方程已知且方程形式简单的物理现象,要找出它们的相似准则并不困难,但当微分方程无从知道或微分方程已经知道但很复杂时,导出相似常数就要有相应的方法。当现象的相似常数超过一个时,便需要采用相似第二定理的内容。

(2)相似第二定理

相似第二定理(π 定理)可表述为:设与某一物理系统性质相关的物理量有 n 个,其中 k 个物理量的量纲相互独立,则这 n 个物理量可以表示为 $n-k$ 个相似准数(或相似准则)$\pi_1, \pi_2, \cdots, \pi_{n-k}$ 之间的函数关系,即

$$f(\pi_1, \pi_2, \cdots, \pi_{n-k}) = 0 \tag{5.12}$$

上式称为相似准则关系式或 π 关系式,式中的相似准则称为 π 项。

因为原型和相似模型彼此相似,在对应点和对应时刻上相似准则均保持相同的数值,所以它们的 π 关系式也应当相同。用下标"p"和"m"分别表示原型和相似模型,则 π 关系式分别为

$$f(\pi_1, \pi_2, \cdots, \pi_{n-k})_p = 0 \tag{5.13}$$

$$f(\pi_1, \pi_2, \cdots, \pi_{n-k})_m = 0 \tag{5.14}$$

其中,相对应的 π 项分别相等:

$$\begin{cases} \pi_{1m} = \pi_{1p} \\ \pi_{2m} = \pi_{2p} \\ \quad\vdots \\ \pi_{(n-k)m} = \pi_{(n-k)p} \end{cases} \tag{5.15}$$

上式表明,如果把某现象的实验结果整理成量纲的 π 关系式,则该关系式便可推广到与它相似的所有其他现象中去,在推广的过程中,并不需要列出各 π 项间真正的关系方程(无论方程有无)。

(3)相似第三定理

相似第三定理的内容为:对于同一类物理现象,如果单值量相似,且由单值量组成的相似常数在数值上相等,则现象相似。单值量是指单值条件中的物理量,而单值条件是将个别现象从同类现象中区分开来,即将现象群的通解转变为特解的具体条件。单值条件包括几何条件、物理条件、边界条件和初始条件。许多具体现象都发生在一定的几何空间内,因此参与过程的物体几何形状和大小应作为一个单值条件提出。

例如,研究流体在管道内流动,需给出管道直径和管长的具体数值。这就是几何条件的内容。此外,具体的物理现象是在具有一定物理性质的介质参与下发生的。所以,参与过程的介质其物理性质应被列为一种单值条件。例如,研究流体运动时的可压缩性程度及温度特征,应给出介质密度和黏度的具体数值,此为物理条件的内容。

许多具体物理现象受到与其直接接触的周围环境的影响,如管道内流体的流动现象直接受进口、出口处流速大小的影响。因此,应给出进口、出口处流速的平均值,在不等温流动情况下,还应给出进口、出口处温度的平均值及温度分布规律。上述即边界条件的内容。物理现象的发展过程还直接受初始状态的影响,如流体的流速、温度、介质的初始状态会影响后续的过程。因此,除稳定物理现象外,需将初始条件作为单值条件加以考虑。需要注意的是,并非每种现象都会用到上面的 4 种单值条件,具体需要哪几种由问题决定。

相似第三定理直接同代表具体现象的单值条件相联系,并且强调了单值量相似。它既照顾到单值量变化的特征,又不会遗漏重要的物理量。

5.3　相似准则的导出

相似准则在相似现象中起到决定性作用,所以得出物理现象的相似准则尤为重要。相似准则的推导主要方法有方程分析法和量纲分析法。

方程分析法主要指根据所研究问题的控制微分方程、相关的初始条件和边界条件方程得到相似准则的方法。这种方法较为严谨,能反映问题的本质,结论可靠,分析过程程序明确,分析步骤易于检查,各物理量的重要性很容易看出,便于推断、比较和校验。

量纲分析法是指在研究物理现象的相似性问题中,对影响该现象各物理量的量纲进行分析,理论基础是关于量纲齐次方程的数学理论。基于相似第二定理,可得到问题的相似准则。该方法的主要优点是不要求建立问题的控制微分方程,也不要求充分掌握研究问题的机理和规律。对于复杂的问题,该方法可以帮助科研人员快速地通过相似性实验核定所选参量的正确性,并在此基础上不断加深对现象机理和规律的认识。

5.3.1 方程分析法

此处以弹簧—质量—阻尼系统为例,介绍方程分析法的原理和过程,如图 5.2 所示。

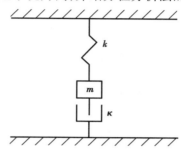

图 5.2 弹簧阻尼系统

质量块 m 在弹簧力和阻尼力的作用下发生振动,描述该物理过程的微分方程为

$$m \frac{\mathrm{d}^2 y}{\mathrm{d}t^2} + \kappa \frac{\mathrm{d}y}{\mathrm{d}t} + ky = 0 \tag{5.16}$$

该过程的初始条件为

$$\begin{cases} \dfrac{\mathrm{d}y}{\mathrm{d}t} = U_0 \\ y = y_0 \\ t = 0 \end{cases} \tag{5.17}$$

式中,κ 为系统的阻尼系数,k 为弹簧弹性系数,U_0 为质量块的初速度,y_0 为初始位移。对于两个相似的系统,分别用上标"$'$"和"$''$"表示。

对于第一个系统,有如下关系:

$$m' \frac{\mathrm{d}^2 y'}{\mathrm{d}t'^2} + \kappa' \frac{\mathrm{d}y'}{\mathrm{d}t'} + k'y' = 0$$

$$\begin{cases} \dfrac{\mathrm{d}y'}{\mathrm{d}t'} = U_0' \\ y' = y_0' \\ t = 0 \end{cases}$$

对于第二个系统,有如下关系:

$$m'' \frac{\mathrm{d}^2 y''}{\mathrm{d}t''^2} + \kappa'' \frac{\mathrm{d}y''}{\mathrm{d}t''} + k''y'' = 0$$

$$\begin{cases} \dfrac{dy''}{dt''} = U_0{''} \\[2mm] y'' = y_0{''} \\[2mm] t = 0 \end{cases}$$

对应物理量分别做比得到相似比例常数：

$$\begin{cases} \dfrac{m''}{m'} = C_m \\[3mm] \dfrac{\kappa''}{\kappa'} = C_\kappa \\[3mm] \dfrac{k''}{k'} = C_k \\[3mm] \dfrac{y''}{y'} = C_y \\[3mm] \dfrac{t''}{t'} = C_t \\[3mm] \dfrac{U_0{''}}{U_0{'}} = C_{U_0} \\[3mm] \dfrac{y_0{''}}{y_0{'}} = C_{y_0} \end{cases}$$

其中，C_m，C_κ，C_k，C_y，C_t，C_{U_0}，C_{y_0} 为对应物理量的相似常数。将系数代入偏微分方程可得：

$$\frac{C_m C_y}{C_t^2} m' \frac{d^2 y'}{dt'^2} + \frac{C_\kappa C_y}{C_t} \kappa' \frac{dy'}{dt'} + C_k C_y k' y' = 0$$

为保证上式能够成立，即不改变原方程的数量关系，上式各系数必须相等，由此可得：

$$\frac{C_m C_y}{C_t^2} = \frac{C_\kappa C_y}{C_t} = C_k C_y$$

解得：

$$\frac{C_m C_y}{C_t^2} = \frac{C_\kappa C_y}{C_t} \Rightarrow \frac{C_\kappa C_t}{C_m} = 1$$

$$\frac{C_m C_y}{C_t^2} = C_k C_y \Rightarrow \frac{C_k C_t^2}{C_m} = 1$$

将相似常数代入初始条件得：

$$\frac{C_y}{C_t} = C_{U_0}, \quad C_y = C_{y_0}, \quad \frac{C_{U_0} C_t}{C_{y_0}} = 1$$

由上式可得如下比例关系：

$$\frac{\kappa' t'}{m'} = \frac{\kappa'' t''}{m''} = \frac{\kappa t}{m} = 常数$$

$$\frac{k't'^2}{m'} = \frac{k''t''^2}{m''} = \frac{kt^2}{m} = 常数$$

$$\frac{U_0't'}{y_0'} = \frac{U_0''t''}{y_0''} = \frac{U_0t}{y_0} = 常数$$

则上述$\frac{\kappa t}{m},\frac{kt^2}{m},\frac{U_0t}{y_0}$表达式为弹簧—质量—阻尼系统的相似准则，$\pi_1 = \frac{\kappa t}{m}$，$\pi_2 = \frac{kt^2}{m}$，$\pi_3 = \frac{U_0t}{y_0}$。

综上可知，方程分析法的步骤主要有：

①建立研究问题的微分方程。

②列出全部单值条件。

③将不同相似系统的方程分别列出。

④给出各参量的相似常数。

⑤将各参量的相似常数代入其中一个相似系统的方程中。

⑥通过整理并对比分析得出各相似指标。

⑦根据相似指标得到相似准则。

5.3.2　量纲分析

（1）量纲分析的基本概念

量纲的概念是在研究物理量的数量关系时产生的，它区别量的种类，而不区别量的度和值。如测量距离用米、厘米、英尺等不同的单位，但它们都属于长度这一种类，因此把长度称为一种量纲，用$[L]$表示。时间种类用时、分、秒、微秒等单位表示，它是有别于其他种类的另一种量纲，用$[T]$表示。通常每一种物理量都对应有一种量纲。例如，表示重力的物理量W，它对应的量纲属力的范畴，用$[F]$表示。

当前物理学中通常涉及的物理量皆可以用7个基本参考度量单位来度量；相应地，物理学中物理量的量纲也皆可用7个基本量纲的幂次形式或组合来表示。特别地，对于经典力学问题，常用的物理量一般皆可用3个基本参考度量单位来度量，其量纲也可以用L-M-T这3个基本量纲的幂次形式或组合来表示。在一切自然现象中，各物理量之间均存在着一定的联系。在分析一个现象时，可用参与该现象的各物理量之间的关系方程来描述，因此各物理量和量纲之间也存在着一定的联系。

结合物理问题的本质分析，基于物理量量纲的基本性质和量纲演化的基本法则，利用量纲分析理论和方法，仅从量纲层面上对问题进行分析，从而对物理问题进行简化，我们把这个分析方法和过程称为量纲分析。

在量纲分析中有两种基本量纲系统：绝对系统和质量系统。绝对系统的基本量纲为长度、时间和力，而质量系统的基本量纲是长度、时间和质量。写成量纲方程即为

$$\begin{cases} [F] = [MLT^{-2}] \\ [M] = [FL^{-1}T^2] \end{cases} \tag{5.18}$$

所有物理量的方程都有对应的量纲方程。量纲具有以下的性质：

①两个物理量相等,是指不仅数值相等,而且量纲也要相同。

②两个同量纲参数的是无量纲参数,其值不随所取单位的大小而变。

③一个完整的物理方程式中,各项的量纲必须相同,方程才能用加、减符号,并用等号联系起来。这一性质称为量纲和谐原理。如在 $y=ax^2+bx+c$ 中,只有各项的量纲相同,该方程才能成立。

④组合量纲可以和基本量纲组成无量纲组合,基本量纲之间不能组成无量纲组合。一个组合量纲与其他量纲至少能够组成一个无量纲组合。

⑤根据量纲和谐原理,只要现象中存在物理关系式,就可以建立量纲方程。若干个函数物理量与基础物理量的量纲方程可以用矩阵的方式来表达。

(2)基础物理量的条件

在相似模型设计中,要用到基础物理量这个概念。决定相似现象的物理量中,基础物理量应具备下面的条件:

①基础物理量必须有量纲存在。

②在同一相似现象中的基础物理量的量纲不得重复。

③全部基础物理量量纲的种类必须包含现象的所有物理量的量纲,不得缺项;即基础物理量量纲的集合必须等于现象所有物理量量纲的集合。

④待测物理量不宜列为基础物理量,以免在相似准则中出现隐函数。

⑤基础物理量的量纲最简单,能使相似准则的形式最为简洁。

上述条件是选择基础物理量的基本原则,也是求解相似准则时对基础物理量的基本要求。

(3)量纲分析举例

下面用简支梁受集中荷载的例子,介绍用量纲矩阵的方法建立相似准则 π 的方法。根据材料力学知识,受竖向荷载作用的梁正截面的应力 σ 是梁的跨度 l、截面抵抗矩 W、荷载 P 和弯矩 M 的函数。将这些物理量之间的关系写成一般形式:

$$g(\sigma,P,M,l,W)=0 \qquad (5.19)$$

式(5.19)中,物理量的个数 $n=5$,零量纲的个数 $m=0$,基本量纲的个数 $k=2$。在绝对系中,力 P 的量纲和长度 l 的量纲为基本量纲,所以有独立的 π 函数,且 $n-k=3$。式(5.19)还可以用 π 来表示:

$$g'(\pi_1,\pi_2,\pi_3)=0 \qquad (5.20)$$

对于简支梁受集中荷载的例子中 π 函数的一般表达式为

$$\pi=\sigma^a P^b M^c l^d W^e$$

在绝对系中,用基本量纲来表示这些物理量的量纲:

$$[\sigma]=[FL^{-2}]$$

$$[P]=[F]$$

$$[M]=[FL]$$

$$[L] = [L]$$

$$[W] = [L^3]$$

根据基础物理量的条件,可以选择 P、l 为基础物理量,以 σ、M、W 为函数物理量(这只是一种方案,还有其他的选择,有兴趣的读者可以完成其他方案的推导),则 3 个函数物理量的幂因式为

$$\left.\begin{array}{c} \sigma \\ M \\ W \end{array}\right\} = P^{x_1} l^{x_2} \tag{5.21}$$

就是说,σ、M、W 这 3 个物理量分别都能够(必须能够)用 P、l 这两个物理量来表示。式(5.21)的量纲矩阵如下:

	x_1	x_2			
	P	l	σ	M	W
F	1	0	1	1	0
L	0	1	-2	1	3

这是一个 2×2 的方阵。根据量纲和谐原理,可以写出上面量纲矩阵的指数方程(3组)。对于 σ,则有:

$$\left.\begin{array}{c} x_1 = 1 \\ x_2 = -2 \end{array}\right\} \Rightarrow \sigma = \frac{P}{l^2} \tag{5.22}$$

对于 M,则有:

$$\left.\begin{array}{c} x_1 = 1 \\ x_2 = 1 \end{array}\right\} \Rightarrow M = Pl \tag{5.23}$$

对于 W,则有:

$$\left.\begin{array}{c} x_1 = 0 \\ x_2 = 3 \end{array}\right\} \Rightarrow W = l^3 \tag{5.24}$$

所以,上述函数物理量 σ、M、W 的量纲矩阵指数方程的求解结果为

$$\pi_1 = \frac{P}{\sigma l^2}, \pi_2 = \frac{Pl}{M}, \pi_3 = \frac{l^3}{W} \tag{5.25}$$

从上例可以看出,量纲分析法中采用量纲矩阵分析,推导过程简便、一目了然。

值得一提的是,确定相似准则 π 时,只要弄清物理现象所包含的物理量的量纲,用量纲分析法是较简便的。量纲分析法虽能确定出一组独立的 π 函数,但 π 函数的取法具有一定的任意性,而且物理现象的物理量越多,其任意性越大,所以量纲分析法中选择物理量是具有决定性意义的。物理量的正确选择取决于模型实验者的专业知识以及对所研究问题初步分析的正确程度;甚至可以说,如果不能正确选择物理量,量纲分析法就无助于模型设计。

5.4　相似实验设计案例

5.4.1　常见的相似材料

能满足相似准则要求的材料,称为相似材料或模型材料。在进行模型实验之前,首先要选择相似材料。正确地选择相似材料是模型实验成功的关键。然而,要获得一种全面、正确反映原型物理力学性能的相似材料非常困难。因此,国内外许多从事结构模型实验研究的单位和个人,都把相似材料的研究作为最重要的内容之一。

(1)石膏

石膏是一种以硫酸钙($CaSO_4$)为主要成分的气硬性胶结材料,是应用十分广泛的相似材料。石膏制成的相似材料具有凝固快、达到稳定强度时间短、制作方便等特点。用石膏制成的相似材料一般用来模拟具有脆性破坏特征的原型材料。

(2)水泥

水泥也是常用的相似材料,它属于水硬性材料。用水泥作为相似材料的特点是:它可制作强度大、变化范围广的相似材料,并且相似材料制作工艺简单,但其硬化时间长、力学性质持续变化且力学性能受温度的影响。这些都是在选择水泥作为相似材料时应考虑的因素。用水泥制作出的相似材料,一般具有明显的脆性特征,但其抗压强度和抗拉强度的比值通常大于以石膏为主要材料的相似材料。

常见的水泥品种可以总结为 5 种,分别是硅酸盐水泥、普通硅酸盐水泥、矿渣硅酸盐水泥、火山灰质硅酸盐水泥和粉煤灰硅酸盐水泥。其中,硅酸盐水泥是最常见的,这种水泥的主要成分是硅酸钙,次要成分是石膏。硅酸盐水泥的强度等级分为 42.5、42.5R、52.5、52.5R、62.5、62.5R 六个等级,其中 R 为早强型。

(3)石灰

石灰石是生产石灰的原料,石灰石分布很广,加之生产石灰的工艺简单,成本低廉,故石灰是一种应用很广的胶结材料。凡是以碳酸钙为主要成分的天然岩石,如石灰岩、白垩、白云质石灰岩等,都可用来生产石灰。原始的石灰生产工艺是将石灰石与燃料(木材)分层铺放,引火煅烧一周;现在则采用机械化、半机械化立窑,以及回转窑、沸腾炉等设备进行生产,煅烧时间也大大缩短,用回转窑生产石灰仅需 2 ~ 4 h,生产效率比立窑高 5 倍以上。

(4)黏土

黏土是由地表岩石颗粒风化形成的。黏土是含砂粒很少、有黏性的土壤,水分不容易从中通过,具有较好的可塑性。黏土矿物细分散颗粒基本上由黏土矿物组成,其中主要有水云母、蒙脱石、高岭石、混层矿物和绿泥石。黏土的多数性质,如高亲水性、塑性、膨胀性、离子交换性等与黏土矿物有关。由于黏土的物理、力学性质变化范围很大,因此在配制相似材料之前,必须对黏土的物理、力学性能进行测定,以配制出符合要求的相似材料。

（5）环氧树脂

环氧树脂是一种高分子聚合物,分子式为$(C_{11}H_{12}O_3)_n$,是分子中含有两个以上环氧基团的一类聚合物的总称,是合成树脂的一种。它是环氧氯丙烷与双酚A或多元醇的缩聚产物。由于环氧基的化学活性,可用多种含有活泼氢的化合物使其开环,固化交联生成网状结构,因此它是一种热固性树脂。环氧树脂在相似材料模型实验中,主要作为胶结剂使用,但有时也可直接用来制作相似材料（即不加其他充填剂）。

环氧树脂本身是热塑性线型聚合物。受热时,液态树脂黏度降低,固态树脂软化直至熔融。目前,国内外生产的环氧树脂品种繁多,但其中产量最大、用途最广的是双酚A型环氧树脂,通常所说的环氧树脂就是指双酚A型环氧树脂。

（6）砂

砂是岩石风化后所形成的大小不等、由不同矿物散粒组成的混合物,一般分为河砂、海砂及山砂,砂的主要成分为二氧化硅。

（7）水

水是由氢、氧两种元素组成的无机物。在配制相似材料时,对水质的要求主要是考虑前面提及的主要离子的浓度不能太高,应符合相似材料原料（特别是胶结材料）对水质的要求,如要求水的酸碱度呈中性等。在配制相似材料时,一般使用饮用水或工业用水,但在某些特殊情况下（如使用特殊水源的水或采用特殊的相似材料原料时）,则应对所用水的质量进行检验,以保证配制出符合要求的相似材料。

5.4.2 降雨诱导的堆积体边坡稳定性模型实验

降雨是诱发地质灾害的主要因素,90%左右的地质灾害的发生都与降雨有关。这主要是因为降雨会导致边坡内部土体含水量增高,改变土体的强度参数使土体的有效应力变小。同时,雨水会增大边坡向下的滑动力,导致滑坡灾害的发生。因此,分析比较不同降雨条件对边坡渗透特性和稳定性的影响是十分有必要的。

（1）相似准则的推导

基于量纲分析,基覆型堆积体边坡在降雨作用下稳定性问题的主要相似准则可表达为$\dfrac{z}{H}$, α, θ_1, θ_2, $\dfrac{c}{\gamma H}$, φ, $\dfrac{E_s}{\gamma H}$, μ, $\dfrac{K_s}{\sqrt{gH}}$, $\dfrac{I_r}{K_s}$, $\dfrac{Ht_r}{I_r}$。其几何参数如图5.3所示。$\dfrac{z}{H}$为边坡某位置高程z与边坡高度H之比,即相对高程,表达了该点在边坡上所处的位置信息;β为基覆型堆积体边坡坡角;α为边坡顶面与水平面的夹角（坡顶倾角）;θ_1为基覆界面上部倾角;θ_2为基覆界面下部倾角;$\dfrac{c}{\gamma H}$（γ是土体重度）为边坡土体的黏聚力c与边坡土体所受自重应力之比,该参数称为稳定数,该量纲一的量与边坡失稳条件密切相关;φ 为土体内摩擦角,表示土颗粒间相对运动的难易程度;$\dfrac{E_s}{\gamma H}$ 为边坡土体的压缩模量 E_s 与边坡土体所受自重应力之比,该量纲一的量表示边坡抵抗变形的能力,与边坡的变形程度密切相关;μ 为泊松比;$\dfrac{K_s}{\sqrt{gH}}$ 可理解为量纲一的渗透系数,其中 K_s 表示土体的渗透系数;$\dfrac{I_r}{K_s}$ 为降雨强度与渗透系数之比,表示降雨量与入渗量之间的相对大小;$\dfrac{Ht_r}{I_r}$ 表示量纲一的降雨持续时间。

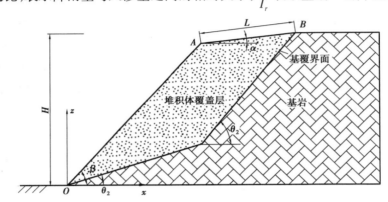

图 5.3　基覆型堆积体边坡模型示意图

（2）相似性分析

对于离心机模型实验,上述相似准则较易满足相似性要求,而对于静力模型实验,在上述相似准则中,除 $\dfrac{c}{\gamma H}$ 和 $\dfrac{E_s}{\gamma H}$ 外,其余量均较易满足模型与原型的相似性。对于 $\dfrac{c}{\gamma H}$ 和 $\dfrac{E_s}{\gamma H}$ 而言,由于静力模型实验中土体重度的模型比尺在绝大多数情况下为 1,因此土体黏聚力 c 和压缩模量 E_s 的模型比尺与边坡高度 H 的比尺一致,即变化范围较大,常常在 $10 \sim 10^3$ 甚至更大范围内取值,由此对模型实验放松了相似准则 $\dfrac{c}{\gamma H}$ 和 $\dfrac{E_s}{\gamma H}$ 的相似要求,这样在一定程度上造成模型与原型间边坡失稳条件和变形程度的失真,但总体上还能较好反映原型边坡的特征,尤其是在机理和规律的研究中。为了改进模型实验精度,一方面,首先应该在前人已有研究基础之上深入研究土体黏聚力 c 和压缩模量 E_s 随相似材料成分和配比的独立变化规律,然后严格按照相似准则的要求配制相似材料;另一方面,可以开展不同模型比尺的静力模型实验,专门探讨比尺效应,同时考虑应力水平不同对岩土体本构关系的影响,就比尺效应对研究结论的影响进行分析,并且修正由于比尺效应带来的与原型结果的误差。各物理量的相似关系见表 5.1。

表 5.1　各物理量的相似关系

物理量	量纲	相似律	相似取值示例
边坡高度 H	L	C_H	10

数；$\dfrac{a_s}{g}$为地震荷载峰值加速度与重力加速度之比，该量纲一的量的大小表示荷载与重力

加速度之间的大小关系；$f\sqrt{\dfrac{H}{g}}$为地震荷载的频率与边坡自振频率之间的比值。

（2）相似性分析

对于常规重力振动台模型实验而言，土的重度γ和重力加速度g在模型中均与原型保持不变，则有重度的模型比尺$C_\gamma=1$，重力加速度的模型比尺$C_g=1$，由表5.4可知，在保证相似条件下，无模型缩尺的物理量有土体重度γ、内摩擦角φ、重力加速度g、地震荷载的峰值加速度a_s、泊松比μ、边坡体内任意点的响应峰值加速度a_p，即上述物理量在模型实验中与原型保持一致；模型缩尺为C_H的物理量有坡高度H、测点高程z、黏聚力c、压缩模量E_s、边坡土体的响应位移y_s，即上述物理量在模型实验中是原型的$1/C_H$，所以模型土的黏聚力c和压缩模量E_s均应是原型土的$1/C_H$；模型缩尺为$C_H^{0.5}$的物理量为地震荷载的主振频率f，即在模型实验中施加的地震荷载的频率应是施加于原型边坡上的频率的$\sqrt{C_H}$倍；模型缩尺为$C_H^{0.5}$的物理量为地震荷载的持续时间t_s，即施加于模型实验边坡中的地震荷载时间是施加于原型边坡上的地震荷载时间的$1/\sqrt{C_H}$。

表5.4　边坡振动台实验各物理量的相似关系

物理量	量纲	相似律	相似取值示例	备注
边坡高度H	L	C_H	10	参数减小
土体重度γ	$ML^{-2}T^{-2}$	C_γ	1	参数不变
重力加速度g	LT^{-2}	C_g	1	参数不变
测点高程z	L	C_H	10	参数减小
坡顶倾角α	1	1	1	参数不变
内摩擦角φ	1	1	1	参数不变
黏聚力c	$ML^{-1}T^{-2}$	$C_c=C_\gamma C_H$	10	参数减小
压缩模量E_s	$ML^{-1}T^{-2}$	$C_{E_s}=C_\gamma C_H$	10	参数减小
地震荷载的峰值加速度a_s	LT^{-2}	$C_{a_s}=C_g$	1	参数不变
泊松比μ	1	1	1	参数不变
地震荷载的主振频率f	T^{-1}	$C_f=C_H^{-0.5}C_g^{0.5}$	0.316	参数增加
地震荷载持续时间t_s	T	$C_{t_s}=C_H^{0.5}C_g^{-0.5}$	3.16	参数减小
响应位移y_s	L	$C_{y_s}=C_H$	10	参数减小
响应峰值加速度a_p	LT^{-2}	$C_{a_p}=C_g$	1	参数不变

由上述分析可见,大多数振动台模型实验中物理量的模型相似比要受边坡的几何比尺所控制,一旦几何比尺确定下来,其他物理量的相似比尺也就确定了。因此,模型实验结果在一定条件下能够实现多个原型边坡的模拟。自然界原型边坡的高度、土体性质等的多样性,为一个模型边坡能够模拟多个甚至一系列原型边坡提供了可能性。

(3)模型实验设计

1)原型边坡概况

本实验模型模拟坡体震裂-溃滑型破坏模式的边坡,通过调查分析发现,该破坏模式的边坡类型包括土质类边坡、基覆型边坡和强风化松散岩质边坡等。通过资料调查发现,一部分边坡高度参数具有如下取值范围:土质类边坡高度可在 10 ~ 60 m 取值,基覆型边坡、强风化松散岩质边坡高度可在 10 ~ 120 m 取值。综合 3 种类型,原型边坡高度可在 10 ~ 200 m 变化,即几何相似比尺可在 10 ~ 200 取值;土质类和基覆型边坡滑体的土体黏聚力可在 10 ~ 100 kPa 变化,内摩擦角可在 7° ~ 40° 变化,土体压缩模量可在 2 ~ 46 MPa 变化;强风化松散岩质边坡岩体黏聚力可在 100 ~ 500 kPa 变化,内摩擦角可在 20° ~ 50° 变化,岩体变形模量可在 0.2 ~ 1.3 GPa 变化,地震荷载的主振频率一般在 1 ~ 30 Hz 变化。

2)模型边坡及测试设备

实验在电液伺服单向地震模拟振动台上进行,台面尺寸为 3 m×2 m,振动频率范围为 0.5 ~ 100 Hz,可施加的最大加速度为 1.5 g。实验采用净空尺寸为 2 m×0.8 m×1.5 m(长×宽×高)的刚性模型箱,一侧为钢化玻璃,用来观察滑动位移。在边坡模型后端铺设 10 cm 厚的泡沫板层,以吸收地震波,减小反射油的影响。

实验将级配砂土作为相似材料,平均粒径 $d_{50} = 0.48$ mm,属于中砂。不均匀系数为 5.15,曲率系数为 0.96。土体含水率为 6.8%,密度为 1.51g/cm³,内摩擦角为 32°,压缩模量为 16 MPa,另外由于有一定含水率,砂土存在一定表观黏聚力($c = 3.4$ kPa),砂土含水率是通过将事先计算好的水量加入土中并在搅拌器内均匀搅拌来控制的。砂土的铺设采用分层铺筑法,每层铺筑厚度为 10 cm,铺筑过程中用质量为 5 kg 的圆柱形滚子均匀碾压,坡体成型后取土,测量土体的相对密度为 0.25,表明土体处于疏松状态。

实验直接测量的参数主要有位移和加速度。实验中采用高精度非接触式激光位移传感器测量边坡表面位移,测量得到的表面位移经过运算可获得表面测点的加速度值。激光位移传感器的测量精度为 0.025 mm。实验采用单轴加速度传感器的型号为 Dytran3256A8,灵敏度为 238 mV/g。加速度传感器布置在坡体内部,详细布置位置如图 5.4 所示,激振方式为往复式单向振动。加速度传感器 A0 固定在振动台台面上,加速度传感器 A1 ~ A3 在坡内,激光位移传感器 D1 在坡顶,D2 ~ D4 在坡面上,D5 用于测量模型箱体的位移。

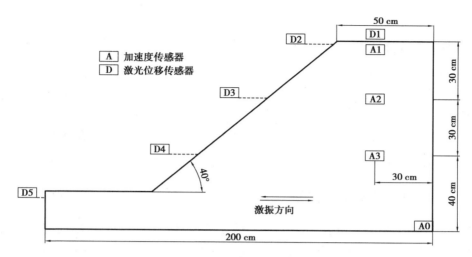

图5.4 模型测量布置示意图

3)模型边坡加载方式

本实验输入的地震波为卧龙波。为测定边坡模型动力特性的变化,实验中加速度为 0.03g、持续时间 30 s 的白噪声对模型进行扫频。当研究地震动参数对边坡动力响应的影响时,通过调整输入加速度、输入频率的大小进行加载。具体加载方式见表5.5。荷载施加过程为:当边坡变形微小时(在几毫米范围内)采用累积加载激励,随后(边坡变形大于 10 mm)仅施加一次荷载,然后重新制作模型,重复上述过程,直至边坡破坏为止。

表5.5 模型实验加载方式

工况类型	工况序号	工况	加速度/(m · s^{-2})	荷载持续时间/s	时间压缩比
扫频	1	白噪声	0.03 g	30	
加载	3	卧龙波	0.05 g	30	4.47
扫频	5	白噪声	0.03 g	30	
加载	7	卧龙波	0.10 g	30	4.47
扫频	11	白噪声	0.03 g	30	
加载	14	卧龙波	0.20 g	30	4.47
扫频	15	白噪声	0.03 g	30	
加载	20	卧龙波	0.30 g	30	4.47
扫频	21	白噪声	0.03 g	30	
加载	22	卧龙波	0.40 g	30	4.47
扫频	23	白噪声	0.03 g	30	
加载	24	卧龙波	0.50 g	30	4.47
扫频	25	白噪声	0.03 g	30	
加载	26	卧龙波	0.60 g	30	4.47
扫频	27	白噪声	0.03 g	30	
加载	28	卧龙波	0.70 g	30	4.47

5.5 相似经验公式的建立

相似经验公式往往形式简单、作用显著,主要以数理统计理论为基础进行拟合建立。因为物理实验数量是有限的,所以如何处理所得的物理数据,扩充其适用范围,描述单值条件与最终目标的关系,便是相似经验公式的意义。但所建立的公式需要明确公式的适用范围以及各个变量的取值条件,这样所建立的公式对工程才具有指导作用。

5.5.1 相似准则函数关系

在完成了上述相似模型的实验设计后,就完成了相关的理论设计工作。但对于几个无量纲的相似准则之间的函数关系是什么还需要进一步探讨。根据目前的数学理论,相似准则之间的函数关系主要有两种,一个是乘积关系,一个是总和关系。

下面对这两种关系成立的条件进行探讨。下述描述中采用 π_1、$\overline{\pi}_1$ 表示第一个实验条件和第二个实验条件 π_1 的实验值,采用 $(\pi_{1/2})_{\overline{3}}$、$(\pi_{1/2})_{\overline{\overline{3}}}$ 表示 π_3 在两种实验条件下已知时,π_2 对于 π_1 的函数关系。

(1)乘积关系

假设某个实验现象有 3 个相似准则 π_1、π_2、π_3,它们之间存在如下函数关系:

$$\pi_1 = f(\pi_2, \pi_3) \tag{5.30}$$

令 π_3 保持为常数(即某实验水平条件下的具体数值),则 π_1、π_2 的函数关系可以被定义为

$$f_1(\pi_2, \overline{\pi}_3) = (\pi_{1/2})_{\overline{3}} \tag{5.31}$$

同理,令 π_2 保持为常数,则 π_1、π_3 的函数关系可以被定义为

$$f_2(\overline{\pi}_2, \pi_3) = (\pi_{1/3})_{\overline{2}} \tag{5.32}$$

式(5.31)、式(5.32)是组成相似经验公式的一部分,其特点就是在相似准则中,只将某一个 π 作为自变量,其余的均保持常量。

假设式(5.30)存在函数的乘积关系,则式(5.31)、式(5.32)相乘仍满足式(5.30),可用如下关系式表达:

$$\pi_1 = f(\pi_2, \pi_3) = f_1(\pi_2, \overline{\pi}_3) f_2(\overline{\pi}_2, \pi_3) \tag{5.33}$$

$$\pi_1 = f(\pi_2, \pi_3) = C(\pi_{1/2})_{\overline{3}}(\pi_{1/3})_{\overline{2}} \tag{5.34}$$

对于式(5.33),当 π_3 为常数值时,改变 π_2,则有如下关系:

$$f(\pi_2, \overline{\pi}_3) = f_1(\pi_2, \overline{\pi}_3) f_2(\overline{\pi}_2, \overline{\pi}_3) \tag{5.35}$$

$$f_1(\pi_2, \overline{\pi}_3) = \frac{f(\pi_2, \overline{\pi}_3)}{f_2(\overline{\pi}_2, \overline{\pi}_3)} \tag{5.36}$$

同理,当 π_2 为常数值时,改变 π_3,则有如下关系:

$$f(\overline{\pi}_2, \pi_3) = f_1(\overline{\pi}_2, \overline{\pi}_3) f_2(\overline{\pi}_2, \pi_3) \tag{5.37}$$

$$f_2(\overline{\pi}_2, \pi_3) = \frac{f(\overline{\pi}_2, \pi_3)}{f_1(\overline{\pi}_2, \overline{\pi}_3)} \tag{5.38}$$

将式(5.36)、式(5.38)代入式(5.33)可得

$$\pi_1 = f(\pi_2, \pi_3) = f_1(\pi_2, \overline{\pi}_3) f_2(\overline{\pi}_2, \pi_3) = \frac{f(\pi_2, \overline{\pi}_3) f(\overline{\pi}_2, \pi_3)}{f_1(\overline{\pi}_2, \overline{\pi}_3) f_2(\overline{\pi}_2, \overline{\pi}_3)} \tag{5.39}$$

对于式(5.33),若 π_2、π_3 为常数值,则有如下等式:

$$f(\overline{\pi}_2, \overline{\pi}_3) = = f_1(\overline{\pi}_2, \overline{\pi}_3) f_2(\overline{\pi}_2, \overline{\pi}_3) \tag{5.40}$$

将式(5.40)代入式(5.39)右端可得

$$\pi_1 = f(\pi_2, \pi_3) = = \frac{f(\pi_2, \overline{\pi}_3) f(\overline{\pi}_2, \pi_3)}{f(\overline{\pi}_2, \overline{\pi}_3)} \tag{5.41}$$

将式(5.33)和式(5.41)进行比较,可得式(5.34)的系数 $C = \dfrac{1}{f(\overline{\pi}_2, \overline{\pi}_3)}$,此时系数 C 是 π_2、π_3 为常数值时产生的,还没有进行核验。

为了说明相似准则之间存在乘积关系,即各方程与常数 C 的乘积关系,将 π_2 采用 $\overline{\overline{\pi}}_2$ 代替(另一个水平下的实验结果),式(5.41)就会变成:

$$\pi_1 = f(\pi_2, \pi_3) = \frac{f(\pi_2, \overline{\pi}_3) f(\overline{\overline{\pi}}_2, \pi_3)}{f(\overline{\overline{\pi}}_2, \overline{\pi}_3)} \tag{5.42}$$

若式(5.41)和式(5.42)相等,则式(5.35)成立。那么由此产生了乘积关系成立的判别式:

$$\frac{f(\overline{\pi}_2, \pi_3)}{f(\overline{\pi}_2, \overline{\pi}_3)} = = \frac{f(\overline{\overline{\pi}}_2, \pi_3)}{f(\overline{\overline{\pi}}_2, \overline{\pi}_3)} \tag{5.43}$$

同理,将 $\overline{\pi}_3$ 采用 $\overline{\overline{\pi}}_3$ 代替,式(5.41)就会变成:

$$\frac{f(\pi_2, \overline{\pi}_3)}{f(\overline{\pi}_2, \overline{\pi}_3)} = = \frac{f(\pi_2, \overline{\overline{\pi}}_3)}{f(\overline{\pi}_2, \overline{\overline{\pi}}_3)} \tag{5.44}$$

相应的,系数 C 的值为 $C = \dfrac{1}{f(\overline{\overline{\pi}}_2, \overline{\pi}_3)}$、$C = \dfrac{1}{f(\overline{\pi}_2, \overline{\overline{\pi}}_3)}$。

式(5.43)和式(5.44)一般只需要选择一条进行验证就可以,对结果有怀疑或者需要加强结果可靠性时,才需要同时进行检验。

(2)总和关系

假设某个实验现象有 3 个相似准则 π_1、π_2、π_3,它们之间存在如下函数关系:

$$\pi_1 = f(\pi_2, \pi_3) = f_1(\pi_2, \overline{\pi}_3) + f_2(\overline{\pi}_2, \pi_3) \tag{5.45}$$

其中:

$$f_1(\pi_2, \overline{\pi}_3) = (\pi_{1/2})_{\overline{3}} \tag{5.46}$$

$$f_2(\overline{\pi}_2, \pi_3) = (\pi_{1/3})_{\overline{2}} \tag{5.47}$$

当 π_2 为常数时,有如下等式:

$$f_2(\overline{\pi}_2, \pi_3) = f(\overline{\pi}_2, \pi_3) - f_1(\overline{\pi}_2, \overline{\pi}_3) \tag{5.48}$$

同理,当 π_3 为常数时,有如下等式:

$$f_1(\pi_2, \overline{\pi}_3) = f(\pi_2, \overline{\pi}_3) - f_2(\pi_2, \overline{\pi}_3) \tag{5.49}$$

将式(5.48)、式(5.49)代入式(5.45)得:

$$f_1(\pi_2, \overline{\pi}_3) + f_2(\overline{\pi}_2, \pi_3) = f(\pi_2, \overline{\pi}_3) + f(\overline{\pi}_2, \pi_3) - (f_1(\overline{\pi}_2, \overline{\pi}_3) + f_2(\overline{\pi}_2, \overline{\pi}_3)) \tag{5.50}$$

当 π_2、π_3 都为定值时:

$$f(\overline{\pi}_2, \overline{\pi}_3) = f_1(\overline{\pi}_2, \overline{\pi}_3) + f_2(\overline{\pi}_2, \overline{\pi}_3) \tag{5.51}$$

把式(5.51)代入式(5.50)中得:

$$\pi_1 = f(\pi_2, \pi_3) = f_1(\pi_2, \overline{\pi}_3) + f_2(\overline{\pi}_2, \pi_3) = f(\pi_2, \overline{\pi}_3) + f(\overline{\pi}_2, \pi_3) - f(\overline{\pi}_2, \overline{\pi}_3) \tag{5.52}$$

即:

$$\pi_1 = f(\pi_2, \overline{\pi}_3) + f(\overline{\pi}_2, \pi_3) - f(\overline{\pi}_2, \overline{\pi}_3) \tag{5.53}$$

将式(5.45)和式(5.53)进行比较,可得:

$$\pi_1 = f(\pi_2, \overline{\pi}_3) + f(\overline{\pi}_2, \pi_3) - C \tag{5.54}$$

其中,常数 $C = f(\overline{\pi}_2, \overline{\pi}_3)$。

为了验证式(5.54)的有效性,将 $\overline{\pi}_2$ 采用 $\overline{\overline{\pi}}_2$ 代替,式(5.50)就会变成:

$$f_1(\pi_2, \overline{\pi}_3) + f_2(\overline{\overline{\pi}}_2, \pi_3) = f(\pi_2, \overline{\pi}_3) + f(\overline{\overline{\pi}}_2, \pi_3) - (f_1(\overline{\overline{\pi}}_2, \overline{\pi}_3) + f_2(\overline{\overline{\pi}}_2, \overline{\pi}_3)) \tag{5.55}$$

$$\pi_1 = f(\pi_2, \overline{\pi}_3) + f(\overline{\overline{\pi}}_2, \pi_3) - f(\overline{\overline{\pi}}_2, \overline{\pi}_3) \tag{5.56}$$

若式(5.53)和式(5.56)相等,则式(5.54)成立。那么由此产生了总和关系成立的判别式:

$$f_1(\overline{\pi}_2, \pi_3) - f_2(\overline{\pi}_2, \overline{\pi}_3) == f_1(\overline{\overline{\pi}}_2, \pi_3) - f_2(\overline{\overline{\pi}}_2, \overline{\pi}_3) \tag{5.57}$$

同理,将 $\overline{\pi}_3$ 采用 $\overline{\overline{\pi}}_3$ 代替,式(5.57)就会变成:

$$f_1(\pi_2, \overline{\pi}_3) - f_2(\overline{\pi}_2, \overline{\pi}_3) == f_1(\pi_2, \overline{\overline{\pi}}_3) - f_2(\overline{\pi}_2, \overline{\overline{\pi}}_3) \tag{5.58}$$

式(5.57)、式(5.58)作为实验有效性的判别条件。

5.5.2　创建相似经验公式

创建相似经验公式一般通过以下步骤实现:确定物理过程的单值条件;确定相似准则的数量;确定基础物理量与函数物理量;确定相似准则函数表达式;根据实际需求确定相关参数取值范围;选择基准量与辅助量;进行实验记录数据;绘制曲线,观察曲线特征,判断曲线性质;求取回归方程;应用判别式检查函数;最后建立相似准则关系。

下面以计算一个燃烧室的容积 V 建立相似经验公式。

(1)确定物理过程的单值条件

在图 5.5 中,一共存在 5 个变量,其中与燃烧室容积 V 无关的变量只有一个 θ,有关

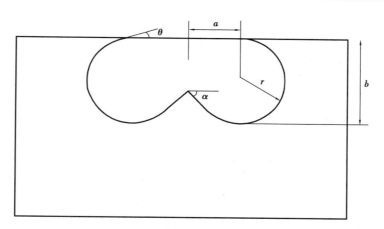

图5.5 某燃烧室空间示意图

的变量有4个,因此该物理现象的单值条件一共有5个,即

$$V = f(r, a, b, \alpha) \tag{5.59}$$

各个物理量的量纲为 $V = [L^3], r = [L], a = [L], b = [L], \alpha = [L^0]$。

（2）确定相似准则的数量

通过前面的分析,发现只有1个基本量纲,即 $[L]$,因此相似准则的数量为

$$S = n - k = 5 - 1 = 4 \tag{5.60}$$

（3）确定基础物理量与函数物理量

因为基本量纲的数量只有一个,所以基础物理量也只有一个,这里选取 a 为基础物理量。又因为 α 是一个无量纲的单值条件,可以独立组成一个无量纲的相似准则,所以函数物理量只剩3个:

$$\left. \begin{array}{c} V \\ r \\ b \end{array} \right\} = a \tag{5.61}$$

（4）确定相似准则函数表达式

应用量纲分析方法写出量纲矩阵,得到如下相似准则:

$$\pi_1 = \frac{V}{a^3}, \pi_2 = \frac{b}{a}, \pi_3 = \frac{r}{a}, \pi_4 = \alpha \tag{5.62}$$

（5）根据实际需求确定相关参数取值范围

为了方便分析,令 $a = 1$,此时式（5.62）简化为

$$\pi_1 = V, \pi_2 = b, \pi_3 = r, \pi_4 = \alpha \tag{5.63}$$

在 π_2 中, $b = 0.5900, 0.6000, 0.6100, 0.6200, 0.6300, 0.6400, 0.6500, 0.6600$;

在 π_3 中, $r = 0.3750, 0.4375, 0.5000$;

在 π_4 中, $\alpha = 19°, 20°, 21°, 22°, 23°, 24°, 25°, 26°, 27°, 28°$。

（6）选择基准量与辅助量

按照实验的难易程度以及尽量不取数值中两个端点的原则来确定实验基准量和辅

助量。

在 π_2 中，$\overline{\pi_2}=0.600\,0$；

在 π_3 中，$\overline{\pi_3}=0.375\,0$；

在 π_3 中，$\overline{\overline{\pi_3}}=0.500\,0$；

在 π_4 中，$\overline{\pi_4}=22°$。

(7)进行实验记录数据

通过实验，记录在不同 b、r、a 值下的容积 V 的值。

(8)绘制曲线，观察曲线特征，判断曲线性质

通过观察曲线特征发现，b、r、a 三类值对容积 V 的影响均有幂函数的性质，因此将数据对数化后，计算结果见表5.6—表5.8。

表5.6　实验数据1

$\pi_2=b$	$\lg(\pi_2)$	在 $\overline{\pi_3}$、$\overline{\pi_4}$ 时		在 $\overline{\overline{\pi_3}}$、$\overline{\pi_4}$ 时	
		$(\pi_{1/2})_{\overline{3},\overline{4}}$	$\lg(\pi_{1/2})_{\overline{3},\overline{4}}$	$(\pi_{1/2})_{\overline{\overline{3}},\overline{4}}$	$\lg(\pi_{1/2})_{\overline{\overline{3}},\overline{4}}$
0.590 0	−0.229 1	2.878 8	0.459 2	3.381 0	0.529 0
0.600 0	−0.222 8	2.932 2	0.467 2	3.450 9	0.537 9
0.650 0	−0.187 0	3.189 7	0.503 7	3.796 7	0.579 4

表5.7　实验数据2

$\pi_3=r$	$\lg(\pi_3)$	在 $\overline{\pi_2}$、$\overline{\pi_4}$ 时		在 $\overline{\overline{\pi_2}}$、$\overline{\pi_4}$ 时	
		$(\pi_{1/3})_{\overline{2},\overline{4}}$	$\lg(\pi_{1/3})_{\overline{2},\overline{4}}$	$(\pi_{1/3})_{\overline{\overline{2}},\overline{4}}$	$\lg(\pi_{1/3})_{\overline{\overline{2}},\overline{4}}$
0.375 0	−0.426 0	2.932 2	0.467 2	3.189 1	0.503 7
0.500 0	−0.301 0	3.450 9	0.537 9	3.796 7	0.579 4

表5.8　实验数据3

$\pi_4=\alpha$	$\lg(\pi_4)$	在 $\overline{\pi_2}$、$\overline{\pi_3}$ 时		在 $\overline{\pi_2}$、$\overline{\overline{\pi_3}}$ 时	
		$(\pi_{1/4})_{\overline{2},\overline{3}}$	$\lg(\pi_{1/4})_{\overline{2},\overline{3}}$	$(\pi_{1/4})_{\overline{2},\overline{\overline{3}}}$	$\lg(\pi_{1/4})_{\overline{2},\overline{\overline{3}}}$
19	1.278 8	2.974 0	0.473 3	3.487 9	0.542 6
22	1.342 4	2.932 2	0.467 2	3.450 9	0.537 9
27	1.431 4	2.863 4	0.456 9	3.390 6	0.530 3

(9)求取回归方程

根据对数化的实验数据绘制曲线，进行线性回归，判断线性相关的程度，线性相关的

程度直接决定了经验公式的密切程度。然后求取线性方程的斜率与截距,求得曲线自变量的系数。假设 $y = kx + b$,通过 $a = \lg^{-1} b$,得到 $\pi_1 = a\pi_{i+1}^k$,本例中共有 6 组方程,依次为

$$
\begin{cases}
(\pi_{1/2})_{\overline{3},\overline{4}} = 5.053\ 6(\pi_2)^{1.068\ 0} \\
(\pi_{1/2})_{\overline{\overline{3}},\overline{4}} = 6.471\ 4(\pi_2)^{1.231\ 0} \\
(\pi_{1/3})_{\overline{2},\overline{4}} = 5.109\ 8(\pi_3)^{0.568\ 0} \\
(\pi_{1/3})_{\overline{\overline{2}},\overline{4}} = 5.574\ 4(\pi_3)^{0.600\ 0} \\
(\pi_{1/4})_{\overline{2},\overline{3}} = 4.032\ 8(\pi_4)^{-0.103\ 4} \\
(\pi_{1/4})_{\overline{2},\overline{\overline{3}}} = 4.495\ 7(\pi_4)^{-0.085\ 7}
\end{cases}
\tag{5.64}
$$

(10)应用判别式检查函数

根据描述物理现象乘积关系多于和差关系的特点,先选择乘积关系判别式进行检验,这里选择 $(\pi_{1/2})_{\overline{3},\overline{4}}$ 和 $(\pi_{1/2})_{\overline{\overline{3}},\overline{4}}$ 两项,则

$$
\frac{(\pi_{1/2})_{\overline{3},\overline{4}}}{f(\overline{\pi}_2,\overline{\pi}_3,\overline{\pi}_4)} == \frac{(\pi_{1/2})_{\overline{\overline{3}},\overline{4}}}{f(\overline{\pi}_2,\overline{\overline{\pi}}_3,\overline{\pi}_4)}
\tag{5.65}
$$

对于式(5.65),把 $f(\overline{\pi}_2,\overline{\pi}_3,\overline{\pi}_4) = 2.932\ 2$ 和 $f(\overline{\pi}_2,\overline{\overline{\pi}}_3,\overline{\pi}_4) = 3.450\ 9$ 代入得

$$
\frac{5.053\ 6(\pi_2)^{1.068\ 0}}{2.932\ 2} == \frac{6.471\ 4(\pi_2)^{1.231\ 0}}{3.450\ 9}
\tag{5.66}
$$

把实验所用的 π_2 值依次代入式(5.66)可得表 5.9 的结果。

表 5.9　判别式计算结果

π_2	0.59	0.60	0.61	0.62	0.63	0.64	0.65	0.66
左端	0.980 7	0.998 4	1.016 2	1.034 0	1.051 9	1.069 7	1.087 6	1.105 4
右端	0.979 5	0.999 9	1.020 5	1.041 1	1.061 8	1.082 6	1.103 5	1.124 4
误差/%	-0.2	0.1	0.4	0.7	0.9	1.2	1.5	1.7

相似经验公式误差为 -0.2% ~ 1.7%,说明相似准则之间的乘积关系比较理想。若 π_2 值超过实验范围,当 $\pi_2 = 0.55$ 时,判别式误差为 -1.3%;当 $\pi_2 = 0.70$ 时,判别式误差为 2.7%。判别式误差由负到正几乎呈线性趋势沿两端延伸。

(11)建立相似准则关系

根据上述推导,可得到如下相似经验公式:

$$
\begin{aligned}
\pi_1 &= \frac{(\pi_{1/2})_{\overline{3},\overline{4}}(\pi_{1/3})_{\overline{2},\overline{4}}(\pi_{1/4})_{\overline{2},\overline{3}}}{f(\overline{\pi}_2,\overline{\pi}_3,\overline{\pi}_4)} \\
&= \frac{5.053\ 6\pi_2^{1.068\ 0}5.109\ 8\pi_3^{0.568\ 0}5.053\ 6\pi_4^{-0.103\ 4}}{2.932\ 2^2} \\
&= 12.112\ 2\pi_2^{1.068\ 0}5.109\ 8\pi_3^{0.568\ 0}4.032\ 8\pi_4^{-0.103\ 4}
\end{aligned}
\tag{5.67}
$$

将相似准则代入后可得到：

$$V = 12.112\,2\,\frac{a^{1.364\,0}b^{1.068\,0}r^{0.586\,0}}{\alpha^{0.103\,4}} \tag{5.68}$$

除了式(5.68)，还会有其他的预测公式；但预测公式只能在单值条件的取值范围内使用，若超出实验范围，会导致公式的误差较大，失去可信度。

第6章
实验数据的图表表示法 ·······························○

图表是直观性很强的语言,它往往首先引起读者的兴趣。论文与读者产生共鸣的通常也是论文的图表。科技论文的图表是科技人员表达实验数据、观察结果和科学思想的形象化语言,其作用是用语言文字代替不了的。图表具有形象、直观、真实、完整的特点,并能客观地显示科技人员的研究内容、研究结果和研究水平。用文字无法简洁、准确表达的问题,用图表可以解决,并且能鲜明地显示事物的变化规律,便于作者和读者直接对比和分析论证。有些插图无论用多么丰富的语言也很难说明问题(如电镜照片等),而运用插图却能给读者一种不可辩驳的真实感,并且有更形象的说服力。实验数据图表是显示实验数据的两种基本方式。数据表能够将杂乱的数据有条理地组织在一张简明的表格内;数据图则能将实验数据形象地显示出来。正确地使用图表是实验数据分析处理的最基本的技能。

6.1 图表在数据分析中的应用

图表独立于正文又属于正文。图表必须有明确的图注和表题,否则不能成为完整的图表。并且根据情况配上简明扼要的文字说明,使读者看到图表后就能了解图表的含义,提高阅读效率;也使那些对图表所表现的现象和结果感兴趣的读者,减少通览文字内容的麻烦,节省宝贵的时间。有的读者,尤其是同行读者阅读了论文的题目和摘要后,再看图和表,就可以基本上了解论文的内容、水平和价值。

(1)图表在数据分析中的作用

有种说法是,图表越多,说明实验所获得的数据越丰富。设计图表,要求正确合理、简明清晰,具有"自明性"(衡量图表的重要标志)。自明性就是读者通过图表就能明确了解论文研究的基本内容和结果。相比文字,图表一目了然的特性,在论文中发挥着无可取代的作用。图表的具体作用如下:

①展示数据,说明变化。实验前后的数据对比,是图表记录变化的功能之一。

②数据的比较。实验中多种元素的碰撞,相互产生的影响,用图表反而更直观。

③有效而形象地表达结果。图表比文字更有趣的点在于,让读者一目了然。图表对数据、结果、过程的展示是文字达不到的效果。一幅新颖的、形象化的、自明性高的图,会让读者有舒适的阅读感。

④简化文字,提高清晰度。要用文字去阐述复制的结果,工程无疑是巨大的,而且容易出现文字过长、表述不清的后果。使用图表,言简意赅,省时省事。

⑤展示原始记录。图表的最初目的是展示原始记录。如在生物医学研究中,很多指标是通过仪器记录得到的,尤其是分子生物学与结构生物学的研究,需要复杂的结构图展示,这是文字替代不了的。

(2)图表绘制基本原则

图表也是一种语言表达形式,其"语法"的正确使用包括字号、字体、字距、空白、线条、色彩和构架等。为提高图表的可读性和视觉效果,图表的使用和制作应力求用最少的篇幅来直接快速地讲述故事,遵循必要、准确、简洁、清楚的原则。

1)根据数据或观点表达的需要选择最合适的表达形式

对于表格或插图的选择,应根据数据表达的需要而定。表格的优点是可以方便地列举大量精确数据或资料,图形则可以直观、有效地表达复杂数据。因此,如果强调展示给读者精确的数值,就采用表格形式;如果要强调展示数据的分布特征或变化趋势,则宜采用图示方法,一定要避免以插图和表格的形式重复表述同样的数据(除非重复的理由十分必要)。

2)图表的设计要基于成果的表达,准确突出作者的贡献

图表是论文的空白处,即图表本身或周边的留空容易吸引读者的注意和阅读。因此,图表的内容和视觉效果一定要重点突出。尽可能地将论文的代表性贡献用关键性图表清楚地表达出来,不要包含太多不属于本文工作的信息,以免作者的贡献被淹没在无关的细节大海里。

3)图表的形式应尽量简洁,所承载的问题不要太多

明确图表所要阐述的问题,在图表中直接回答这些问题,或者在正文中通过提供更多的背景而间接地回答这些问题。复杂的图表尽量安排到论文的尾部,以便读者在有一些相关知识的基础上理解。相互间有比较或参照意义的插图可整合为同一个图中的多个分图[(a)、(b)、(c)],以减少文字表达的复杂性。如果期刊对插图的数量有规定,应严格执行。

4)图表的表述要考虑读者的理解水平,应该具有"自明性"

每个插图或表格都应该具有自明性或相对独立,图表中的各项资料应清楚、完整,以便读者在不读正文情况下也能够理解图表中所表达的内容。图表中各组元(术语名称、曲线、数据或首字母缩写词等)的安排要力求使表述的数据或论点一目了然,避免堆积过多的令人分心的细节,从而造成图表理解上的困难。

6.2 图表的分类

6.2.1 列表法

列表法就是将实验数据列成表格,将各变量的数值依照一定的形式和顺序一一对应

起来,它通常是整理数据的第一步,能为绘制图形或将数据整理成数学公式打下基础。

（1）列表法的特点

在实验数据的获得、整理和分析过程中,表格是显示实验数据不可缺少的基本工具。许多杂乱无章的数据,既不便于阅读,也不便于理解和分析,将杂乱无章的数据整理在一张表格内,就会使这些实验数据变得一目了然,清晰易懂。充分利用和绘制表格是做好实验数据处理的基本要求。

（2）表格设计基本原则

实验数据表可分为两大类:记录表和结果表示表。实验数据记录表是实验记录和实验数据的初步整理的表格,它是根据实验内容设置的一种专门表格。表中数据可以分为三类:原始数据、中间数据和最终计算结果,实验数据记录表必须在实验正式开始之前列出,这样可以使实验数据的记录更有计划性,而且不容易遗漏数据。例如,表6.1 就是离心泵特性曲线测定实验的数据记录表。

表6.1 离心泵特性曲线测定实验的数据记录表

序号	流量计读数/(L·h^{-1})	真空表读数/MPa	压力表读数/MPa	功率表读数/W
1				
2				
⋮				

附:泵入口管径为____ mm;泵出口管径为____ mm;真空表与压力表垂直距离为____ mm;水温为____ ℃;电动机转速为____ r/min。

实验结果展示表所表达的是实验的结论,即变量之间的依从关系。结果表示表应简明扼要,只需包括所研究变量关系的数据,并能从中反映研究结果的完整概念。例如,表6.2 是离心泵特性曲线测定实验的结果表。

表6.2 离心泵特性曲线测定实验结果表示表

序号	流量 q_V/(m^3·s^{-1})	压头 H_e/m	轴功率 P_a/W	效率 η/%
1				
2				
⋮				

实验数据记录表和实验数据表示表之间的区别有时并不明显,如果实验数据不多,原始数据与实验结果之间的关系很明显,可以将上述两类表合二为一。

从上述两个表格可以看出,实验数据表一般由3 部分组成,即表题、表头和数据资料,此外,必要时可以在表格的下方加上表外附加。表名应放在表的上方,主要用于说明表的主要内容,为了引用方便,还应包含表号;表头通常放在第一行,也可以放在第一列,也可称为行标题或列标题,它主要是表示所研究问题的类别名称和指标名称;数据资料是表格的主要部分,应根据表头按一定的规律排列;表外附加通常放在表格的下方(表6.1),主要是一些不便列在表内的内容,如指标注释、资料来源、不变的实验数据等。

由于使用者的目的和实验数据的特点不同,实验数据表在形式和结构上会有较大的差异,但基本原则应该是一致的。为了充分发挥实验数据表的作用,在拟订时应注意下列事项:

①表格设计应该简明合理、层次清晰,以便于阅读和使用。

②数据表的表头要列出变量的名称、符号和单位,如果表中的所有数据的单位都相同,这时单位可以在表的右上角标明。

③要注意有效数字位数,即记录的数字应与实验的精度相匹配。

④实验数据较大或者较小时,要用科学记数法来表示,将$10^{\pm n}$记入表头,注意表头的$10^{\pm n}$与表中的数据应服从:数据的实际值$\times 10^{\pm n}$等于表中数据。见表6.3,0 ℃水的饱和蒸气压为$0.006\ 11\times10^{5}$ Pa、黏度为$1\ 788\times10^{-6}$ Pa·s。

⑤数据表格记录要正规,原始数据要书写得整整齐齐,不得潦草,要记录各种实验条件和现象,并妥善保管。

表6.3　水的物理性质

温度 $t/℃$	饱和蒸气压 $p\times10^{-5}/Pa$	热导率 $\lambda\times10^{2}/[W/(m\cdot K)]$	黏度 $\mu\times10^{6}/(Pa\cdot s)$	表面张力 $\sigma\times10^{4}/(N\cdot m^{-1})$
0	0.006 11	55.1	1 788	756.4
30	0.424 10	61.8	801.5	712.2
60	0.199 20	65.9	469.9	622.2

6.2.2　图示法

实验数据图示法就是将实验数据用图形表示出来,使复杂的数据更加直观和形象。在数据分析中,一张好的数据图,往往胜过冗长的文字表述。通过数据图,可以直观地看出实验数据变化的特征和规律。它的优点在于形象直观,便于比较,容易看出数据中的极值点、转折点、周期性、变化率以及其他特性。实验结果的图示法还可为后一步的数学模型的建立提供依据。

用于实验数据处理的图形种类很多,如果根据图形的形状可以分为线图、柱状图、条形图、饼图、环形图、散点图、直方图、面积图、圆环图、雷达图、气泡图、曲面图等。图形的选择取决于实验数据的性质,一般情况下,计量性数据可以采用直方图和折线图等,计数性和表示性状的数据可采用柱形图和饼图等,如果要表示动态变化情况,则使用线图比较合适。

实验的数据图形处理软件常用的有 Matlab、Excel、Origin 等。有关数据处理软件的介绍详见第7章。根据图形的形状可以分为线图、柱形图、环形图、散点图、曲面图、雷达图、曲线图等,下面简要介绍常用的数据图。

(1)线图

线图一般可以用来表示因变量随自变量变化的情况,线图具有动态性,可用于不同事物或现象的比较。线图可以分为单式线图和复式线图:单式线图表示某一事物或现象的动态;复式线图则是在同一图中可以表示两种或两种以上事物或现象,如图 6.1(a)、(b)所示。

(2)散点图

散点图表示两个变量间的相互关系,从散点图中可以看出变量关系的统计规律,如图 6.1(c)所示。

(3)柱形图

柱形图用等宽长条的长短或高低来表示数据的大小,以反映各数据点的差异。两个坐标轴的性质不同,柱形图中有两条轴:数值轴(一般是纵轴)表示数量性因素或变量;分类轴(一般是指横轴)表示的是属性因素或非数量性变量,如图 6.1(d)所示。

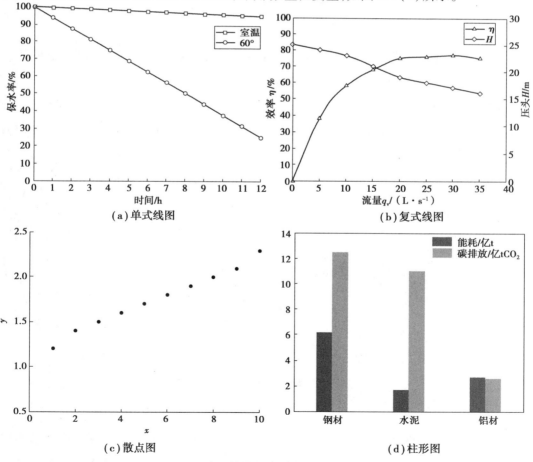

图 6.1 常见的线图、散点图以及柱形图

（4）饼图和环形图

饼图可以表示总体中各组成部分所占的比例，饼图的总面积可以看成100%，每3.6°圆心角所对应的面积为1%，以扇形面积的大小来分别表示各项的比例。饼图只适合于一个数据系列的情况，如图6.2（a）所示。在环形图中每一部分的比例用环中的一段表示，其可显示多个总体部分所占的相应比例，有利于比较不同部分的差别，如图6.2（b）所示。

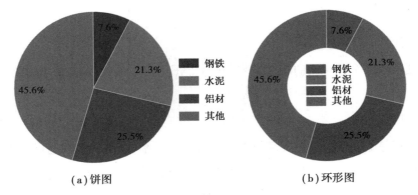

（a）饼图   （b）环形图

图6.2　饼图和环形图

（5）三维表面图

三维表面图是三元函数 $Z=f(X,Y)$ 对应的曲面图，根据曲面图可以看出因变量 Z 值随自变量 X 和 Y 值的变化情况，如图6.3（a）所示。

（6）等高线图

等高线图是图上 Z 值相等的点连成的曲线在水平面上的投影，如图6.3（b）所示。

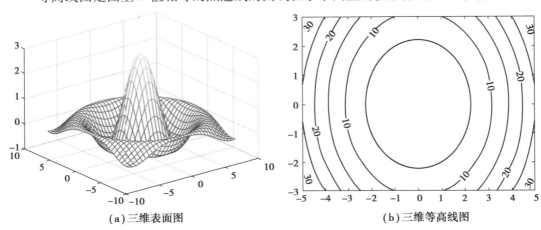

（a）三维表面图   （b）三维等高线图

图6.3　三维表面图和三维等高线图

（7）雷达图

雷达图也称为网络图、蜘蛛图、星图、蜘蛛网图，它被认为是一种表现多维数据的图表，如图6.4（a）所示。它将多个维度的数据量映射到坐标轴上，每一个维度的数据都分别对应一个坐标轴,这些坐标轴以相同的间距沿着径向排列,并且刻度相同。连接各个坐标轴的网格线通常只作为辅助元素,将各个坐标轴上的数据点用线连接起来就形成了一个多边形。坐标轴、点、线、多边形共同组成了雷达图。

着重要强调的是,虽然雷达图的每个轴线都表示不同维度,但使用上为了容易理解和统一比较,经常会人为地将多个坐标轴都统一成一个度量,比如统一成分数、百分比等,这种雷达图在日常生活中也更常见、更常用。另外,雷达图还可以展示一组数据中各个变量的权重高低情况,非常适用于展示性能数据。

(8)气泡图

气泡图(bubble)是一种多变量图表,是散点图的变体,也可以认为是散点图和百分比区域图的组合,如图6.4(b)所示。其可用于展示3个变量之间的关系,和散点图一样,绘制时将一个变量放在横轴,另一个变量放在纵轴,而第三个变量则用气泡的大小来表示。排列在工作表的列中的数据(第一列中列出 x 值,在相邻列中列出相应的 y 值和气泡大小的值)可以绘制在气泡图中。气泡图与散点图相似,不同之处在于:气泡图允许在图表中额外加入一个表示大小的变量进行对比,而第四维度的数据则可以通过不同的颜色来表示(甚至在渐变中使用阴影来表示)。

气泡图通常用于比较和展示不同类别圆点(这里我们称之为气泡)之间的关系,通过气泡的位置以及面积大小。从整体上看,气泡图可用于分析数据之间的相关性。但需要注意的是,气泡图的数据大小容量有限,气泡太多会使图表难以阅读。但是可以通过增加一些交互行为弥补:隐藏一些信息,当鼠标点击或悬浮时显示,或者添加一个选项用于重组或过滤分组类别。

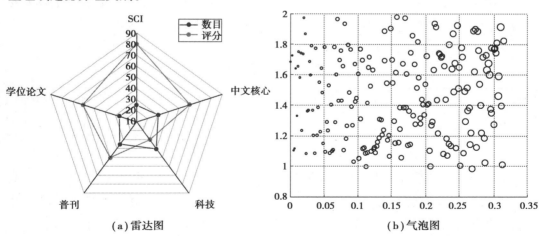

(a)雷达图　　　　　　　　　　(b)气泡图

图6.4　雷达图和气泡图

6.2.3　坐标系的选择

大部分图形都是描述在一定的坐标系中,在不同的坐标系中对同一组数据作图,可以得到不同的图形,所以在作图之前,应该对实验数据的变化规律有一个初步的判断,以选择合适的坐标系,使所作的图形规律性更明显。可以选用的坐标系主要有笛卡尔坐标系(又称普通直角坐标系)、半对数坐标系、对数坐标系、极坐标系、概率坐标系、三角形坐标系等。下面仅讨论最常用的笛卡尔坐标系、半对数坐标系和对数坐标系。

半对数坐标系,一个轴是分度均匀的普通坐标轴,另一个轴是分度不均匀的对数坐标轴在对数轴上,某点与原点的实际距离为该点对应数值的常用对数值,但是在该点标出的值是真数,所以对数轴的原点应该是 1 而不是 0,而且刻度不均匀。双对数坐标系的两个轴都是对数坐标轴,即每个轴的刻度都是按上面所述的原则得到的。注意,在对数坐标系中读数时,直接根据刻度的标值读取,不用将所读的数再取对数。

选用坐标系的基本原则如下:

(1)根据数据间的函数关系

①线性函数:$y=a+bx$,选用普通直角坐标系。

②幂函数:$y=ax^b$,因为 $\lg y=\lg a+b\lg x$,选用双对数坐标系可以使图形线性化。

③指数函数:$y=ab^x$,因为 $\lg y$ 与 x 呈线性关系,故采用半对数坐标。

(2)根据数据的变化情况

①若实验数据的两个变量的变化幅度都不大,可选用普通直角坐标系。

②若所研究的两个变量中,有一个变量的最小值与最大值之间的数量级相差太大时,可选用半对数坐标。

③如果所研究的两个变量在数值上均变化了几个数量级,可选用双对数坐标。

④在自变量由零开始逐渐增大的初始阶段,当自变量的少许变化引起因变量极大变化时,此时采用半对数坐标系或双对数坐标系,可使图形轮廓清晰,如例 6-1。

例 6-1 已知 x 和 y 的数据表见表 6.4。

表 6.4 例 6-1 原始数据

x	10	20	40	60	80	100	1 000	2 000	3 000	4 000
y	2	14	40	60	80	100	177	181	188	200

在普通直角坐标系中作图(图 6.5),当 x 的数值等于 10,20,40,60,80 时,几乎不能描出曲线开始部分的点,若采用双对数坐标系则可以得到比较清楚的曲线(图 6.6)。如果将上述数据都取对数,可得到表 6.5 所示的数据,根据这组数据在普通直角坐标系中作图,得到图 6.7。比较图 6.6 和图 6.7,可以看出两条曲线是一致的。所以,如果手边没有取对数坐标纸,可以采取这种方法来处理数据,但这种处理方法不方便直接读取变量值。

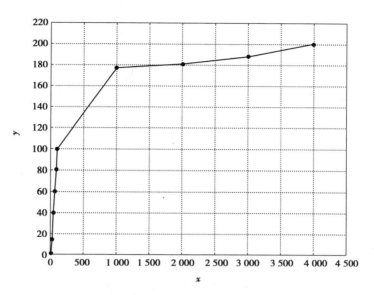

图 6.5 普通坐标系中 x 和 y 的关系图

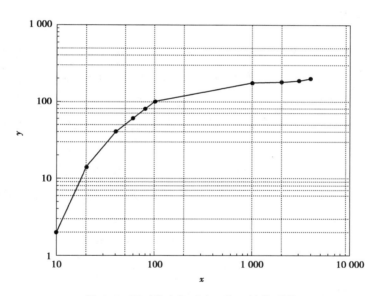

图 6.6 双对数坐标系中 x 和 y 的关系图

表 6.5 例 6-1 数据

$\lg x$	1.0	1.3	1.6	1.8	1.9	2.0	3.0	3.3	3.5	3.6
$\lg y$	0.3	1.1	1.6	1.8	1.9	2.0	2.2	2.3	2.3	2.6

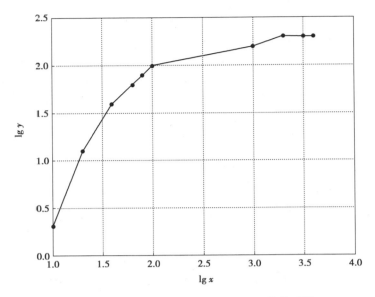

图 6.7　普通直角坐标系中 $\lg x$ 和 $\lg y$ 的关系图

6.3　SPSS 概述

SPSS 软件原名为 Statistical Package for the Social Science(社会科学用统计软件包)。2000 年,SPSS 公司将其英文全称改为 Statistical Product and Service Solutions,意为"统计产品与服务解决方案",是一个组合式软件包。2009 年,IBM 收购了 SPSS 公司,并将 SPSS 软件命名为 IBM SPSS Statistics。SPSS 集数据整理、分析过程、结果输出等功能于一身,是世界著名的统计分析软件之一。

本书内容基于 IBM SPSS Statistics 的第 26 版编写,如果使用的是第 24 版或第 25 版,可能存在少部分内容不适用(低于 2%),第 16 版的匹配度约 75% 。详细的介绍请参考 SPSS 相关的书籍。

SPSS 对硬件和系统没有特别的要求,SPSS Statistics 26.0 在 Microsoft Windows 7 或 MAC OS X 10.10(Yosemite)及以上的系统即可正常运行。

6.3.1　输入数据

从 ECXEL 表中导入数据(图 6.8),或者直接输入数据。

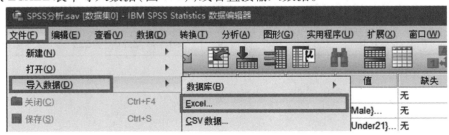

图 6.8　导入数据

6.3.2 变量视图

软件底部有"数据视图"和"变量视图"的菜单标签。数据视图展示具体数据,变量视图展示表结构,定义变量类型(数值型、字符串型等),另外在"变量视图"中,还需确定变量的测量类型,从"名义""标度"和"有序"中三选一。如图6.9所示。

名称	类型	宽度	...	标签	值	缺失	列	对齐	测量	角色
Observation	数字	3	0		无	无	12	靠右	♣名义	↘输入
Q1	数字	2	0	Sex	{1, Ma...	无	12	靠右	♣名义 ▾	↘输入
Q2	数字	2	0	Age	{1, Un...	无	12	靠右	✎标度	↘输入
Q3	数字	2	0	Education	{1, So...	无	12	靠右	▥有序	↘输入
Q4	数字	3	0	Preferred ...	无	无	12	靠右	♣名义	↘输入
Q5	数字	2	0	My news ...	{1, No...	无	12	靠右	♣名义	↘输入
Q6	数字	2	0	My news ...	{1, No...	无	12	靠右	♣名义	↘输入
Q7	数字	2	0	My news ...	{1, No...	无	12	靠右	♣名义	↘输入

图6.9 确定变量的测量类型

含义如下:

名义:当变量值表示不具有内在等级的类别时(或不具有固有的类别顺序的分类数据),该变量可以作为名义变量,如雇员任职的公司部门。名义变量的示例包括民族、地区、邮政编码等。

有序:当变量值表示带有某种内在等级的类别时,该变量可以作为有序变量,如从十分不满意到十分满意的服务满意度水平。有序变量的示例包括表示满意度或可信度的态度分数和优先选择评分。

标度:以区间或比率刻度度量的数据,其中数据值既表示值的顺序,也表示值之间的距离。例如,72,195元的薪金比52,398元的薪金高,这两个值之间的差距是19,797元。也称为定量或连续数据。

如图6.10所示,有时候数据的列名(变量)命名不能准确地说明列的含义,可以在"变量视图"的"标签"中说明,如Q1的标签是"性别";如图6.11所示,有的分类型的值,不能很直接地说明值的含义,可以在"变量视图"的"值"中说明,例如,1代表男性,2代表女性。

名称	类型	宽度	小数位数	标签	值	缺失
Observation	数字	3	0		无	无
Q1	数字	2	0	Sex	{1, Male}...	无
Q2	数字	2	0	Age	{1, Under21}...	无
Q3	数字	2	0	Education	{1, Some secondary}...	无
Q4	数字	2	0	Preferred news channel	无	无
Q5	数字	2	0	My news service tivialize...	{1, No view either way}...	无
Q6	数字	2	0	My news service spends...	{1, No view either way}...	无
Q7	数字	2	0	My news presenter is si...	{1, No view either way}...	无

图6.10 在"标签"中说明含义

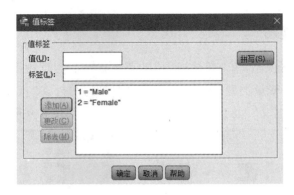

图 6.11　在"值"中说明含义

6.3.3　描述性统计分析

SPSS 进行描述性统计非常简单,点击"分析",选择"描述统计"→"描述",如图 6.12 所示。

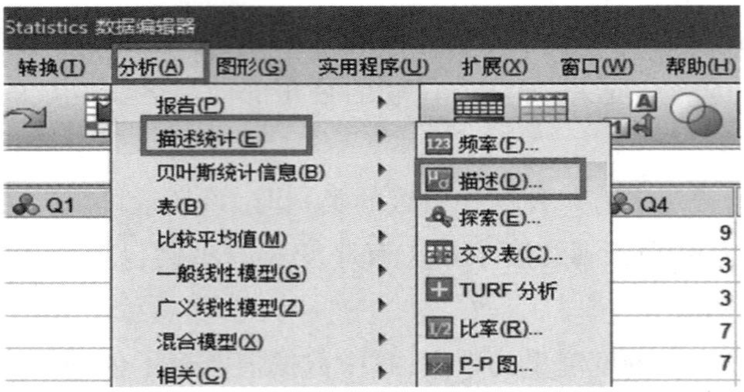

图 6.12　描述性统计操作步骤

选择要分析的变量,点击"选项",勾选需要分析的项目。如图 6.13 所示即为软件输出的统计结果。

描述统计

	N	最小值	最大值	均值	标准 偏差
Observation	0				
Sex	9	2	9	5.78	2.108
Age	9	3	8	4.78	1.641
Education	9	2	5	3.78	.972
Preferred news channel	9	3	21	7.22	5.608
My news service tivializes important news	9	1	3	1.56	.726
My news service spends too little time on sport	9	1	3	2.00	1.000
My news presenter is sincere	9	1	5	3.11	1.537
有效个案数（成列）	0				

图 6.13　统计结果

6.3.4　交叉表分析

SPSS 进行频率分析非常简单。点击"分析",选择"描述统计"→"频率",如图 6.14 所示。

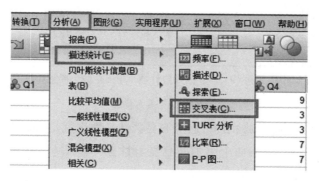

图 6.14　频率分析操作步骤

将需要分析的两组变量分别拖入行和列,行列位置无要求,可以互换。输出交叉表如图 6.15 所示。

My news service tivializes important news * Education 交叉表

计数

		Education			
		2	3	4	5
My news service tivializes important news	No view either way	5	3	2	3
	Agree	2	3	3	1
	Disagree	0	6	1	1
总计		7	12	6	5

图 6.15　交叉表

SPSS 的交叉表分析类似 EXCEL 的数据透视表。

另外,卡方检验经常伴随着交叉表分析一起做,只需要在统计中勾选上"卡方"即可,如图 6.16 所示。

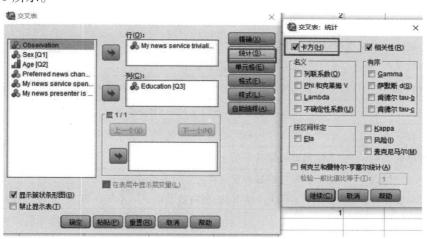

图 6.16　勾选"卡方"

卡方检验

	值	自由度	渐进显著性（双侧）
皮尔逊卡方	8.361[a]	6	.213
似然比	9.593	6	.143
线性关联	.107	1	.744
有效个案数	30		

a. 11个单元格 (91.7%) 的期望计数小于 5。最小期望计数为 1.33。

图 6.17　卡方检验

如图 6.17 所示为卡方检验结果,这里的显著性系数也就是我们常说的 p 值。根据统计学知识,当 $p<0.05$ 时,代表两个组别间有显著性差异。图 6.17 中的显著性系数数值表明,两组别之间无显著性差异。

6.4　论文图表设计基本规范

以《自然》期刊为例,作者在投稿主页(Submit manu)点击 instructions for authors,就可以进入投稿指导指南,其中就有图表(figure)投稿的要求,包括基本图表要求(general figure guidelines)和终稿图表要求(final figure submission guidelines)两个部分,见表 6.6。

表 6.6　《自然》投稿指南(instructions for authors)中图表的基本规范

首次投稿要点	基本图表要求
图表颜色	使用具有明显差异的颜色,考虑到色盲个体要避免使用红色和绿色。对原始数据重新上色,使用组合颜色,尽量避免使用彩虹的颜色范围
图表填充	使用单色填充对象,同时避免使用阴影图案
图表背景	避免背景出现阴影
图名标注	要在分成多个部分的图表左上角打上小写字母和黑体的标签,如 a、b 等;坐标轴标签的首字母要大写,且该句末不需要句号;在数字和单位之间必须有一个空格
数字	千分位数字必须用逗号隔开
单位与简写	不常用的单位或简写要拼写全称,或者在说明中定义
图片颜色模型与分辨率	图片应该以 300 dpi 及以上的 RGB 颜色格式保存
图表字体	所有图表使用相同的字型,用希腊字母表示字体符号
图片格式类型	使用可编辑的矢量文件
图片尺寸、字体大小、线条宽度	图表尺寸最好设定成你想展示在印刷期刊上的大小。在这个大小下,最佳的字体大小为 8 磅,所有线条应该不小于 0.25 磅(0.99 mm)

6.4.1 图片的格式

我们平时使用的图片主要可以从图片的显示上分成两大类:矢量图和位图。

(1)矢量图

矢量图也称面向对象的图像或绘图图像,在数学上定义为一系列由线连接的点。矢量文件中的图形元素称为对象。每个对象都是一个自成一体的实体,它具有颜色、形状、轮廓、大小和屏幕位置等属性。矢量图是根据几何特性来绘制图形,矢量可以是一个点或一条线,矢量图只能靠软件生成。

它的特点是文件容量较小,在进行放大、缩小或旋转等操作时图像都不会失真,和分辨率无关,适用于图形设计、文字设计、标志设计、版式设计等。矢量图可以缩放到任意大小和以任意分辨率在输出设备上打印出来,都不会影响清晰度。最大的缺点是难以表现色彩层次丰富的逼真图像效果。矢量图形格式也很多,如 Adobe illustrator 的 $*$.ai、$*$.eps 和 $*$.svg、Auto CAD 的 $*$.dwg 和 $*$.dxf、Corel DRAW 的 $*$.cdr 等。

(2)位图

位图又称栅格图或点阵图,是使用像素阵列来表示的图像。位图是由一个一个像素点产生的,当放大图像时,像素点也放大了,但每个像素点表示的颜色是单一的,所以在位图放大后就会出现马赛克状。处理位图时,输出图像的质量取决于处理过程开始时设置的分辨率高低。位图的文件类型很多,如 $*$.bmp、$*$.pcx、$*$.gif、$*$.jpg、$*$.tif、photoshop 的 $*$.psd 等。

矢量图与位图最大的区别是:它不受分辨率的影响。因此在印刷时,可以任意放大或缩小图形而不会影响出图的清晰度,可以按最高分辨率显示到输出设备上。大多数的学术期刊要求图片为 TIFF 格式或 EPS 矢量图,并且要形成独立文件。所以,最好在图表转换成图片时,就将图片格式设定为 $*$.tiff 的位图、$*$.tif 的位图或 $*$.eps 的矢量图形式。

6.4.2 图片的分辨率

图像质量主要取决于图像的分辨率与颜色种类(位深度)。图像的分辨率是图像中存储的信息量,是每英寸图像内有多少个像素点,分辨率的单位为 ppi(pixels per inch,像素每英寸)、dpi(Dots Per Inch,点数每英寸)。

这里涉及 ppi 和 dpi 的概念,dpi 是打印机、鼠标等设备分辨率的单位。这是衡量打印机打印精度的主要参数之一。一般来说,该值越大,表明打印机的打印精度越高。简单说来,一个相当于电脑屏幕的输出(ppi),一个相当于打印机的输出(dpi),只要 ppi 设为 1 000,一般打印的分辨率就为 1 000 dpi,两者在数值上是等量的。

6.4.3 图片的色彩要求

图片的色彩模式主要分为 RGB 和 CMYK 两种,其中 RGB 用于数码设备上,CMYK 为印刷业通用标准。由于人的肉眼有 3 种不同颜色的感光体，因此色彩空间通常可以用 3 种基本色来表达，这三种颜色被称为"三原色"。其中的原色是指不能通过其他颜色的混合调配而得到的基本色。以不同的比例将原色混合就可以理论上调配出所有其他颜色，而其他颜色不能调配出三原色。三原色包括色光三原色（red，green and blue，RGB，也被称为三基色）和颜料三原色（cyan，magenta and yellow，CMY）。

①RGB 色彩模式是工业界的一种颜色标准，是通过对红（red）、绿（green）、蓝（blue）3 个颜色通道的变化以及它们相互之间的叠加来得到各式各样的颜色的，RGB 即是代表红、绿、蓝 3 个通道的颜色，这个标准几乎包括了人类视力所能感知的所有颜色，是目前运用最广的颜色系统之一。

②CMYK 是用于印刷的四色模式。印刷四分色模式是彩色印刷时采用的一种套色模式，利用色料的三原色混色原理，加上黑色油墨，共计 4 种颜色混合叠加，形成所谓"全彩印刷"。目前制造工艺还不能造出高纯度的油墨，CMY 相加的结果实际是一种暗红色。因此在彩色印刷中，除了使用三原色外还要增加一版黑色才能得出深重的颜色，其中 K 为定位套版色（黑色）。

6.4.4 图片的标注格式

通常期刊投稿都会对图片的标注格式有所要求，比如图表中坐标轴轴名、图例等。所有图表中的英文标注都使用 Arial，Helvetica 或 Times New Roman 字体，中文标注会使用"宋体"或"黑体"字体，其中"宋体"用于正文，"黑体"用于标题。图表的尺寸最好设定成你想展示在印刷期刊上的大小。在这个大小下，图片标注最佳的字体大小为 8 磅，保证图表标注的字体不过大占用太多空间、也不过小而导致读者无法看清。

第7章
大数据在实验设计与数据处理中的应用 ·····················○

7.1 数据、大数据及数据挖掘

7.1.1 数据的定义及其分类

(1)数据的定义

数据是指对客观事件进行记录并可以鉴别的符号,是对客观事物的性质、状态以及相互关系等进行记载的物理符号或这些物理符号的组合。它是可识别的、抽象的符号。数据不仅指狭义上的数字,还可以是具有一定意义的文字、字母、数字符号的组合、图形、图像、视频、音频等,也是客观事物的属性、数量、位置及其相互关系的抽象表示。例如,"0、1、2…""阴、雨、下降、气温""学生的档案记录、货物的运输情况"等都是数据。

数据的表现形式还不能完全表达其内容,需要经过解释,数据和关于数据的解释是不可分的。例如,85 是一个数据,可以是一个同学某门课的成绩,也可以是某个人的体重,还可以是某个班级的学生人数等。数据的解释是指对数据含义的说明,数据的含义称为数据的语义。数据与其语义是不可分的。

(2)数据的分类

1)按性质分类

①定位的。如各种坐标数据。

②定性的。如表示事物属性的数据(居民地、河流、道路等)。

③定量的。反映事物数量特征的数据,如长度、面积、体积等几何量或质量、速度等物理量。

④定时的。反映事物时间特性的数据,如年、月、日、时、分、秒等。

2)按表现形式分类

①数字数据。如各种统计或量测数据。数字数据在某个区间内是离散的值。

②模拟数据。由连续函数组成,是指在某个区间连续变化的物理量,又可以分为图形数据(如点、线、面)、符号数据、文字数据和图像数据等,如声音的大小和温度的变化等。

3）按记录方式分类

地图、表格、影像、磁带、纸带。按数字化方式分为矢量数据、格网数据等。在地理信息系统中，数据的选择、类型、数量、采集方法、详细程度、可信度等，取决于系统应用目标、功能、结构和数据处理、管理与分析的要求。

4）按记录方式分类

地图、表格、影像、磁带、纸带。按数字化方式分为矢量数据、格网数据等。在地理信息系统中，数据的选择、类型、数量、采集方法、详细程度、可信度等，取决于系统应用目标、功能、结构和数据处理、管理与分析的要求。

7.1.2　大数据的定义及其特征

（1）大数据的定义

"大数据"一词由英文"Big Data"翻译而来。

定义1"大数据"指无法在一定时间范围内用常规软件工具进行捕捉、管理和处理的数据集合，是需要新处理模式才能具有更强的决策力、洞察发现力和流程优化能力的海量、高增长率和多样化的信息资产。

定义2（来自研究机构Gartner）"大数据"是需要新处理模式才能具有更强的决策力、洞察发现力和流程优化能力的海量、高增长率和多样化的信息资产。

定义3（麦肯锡全球研究所报告《大数据：创新、竞争和生产力的下一个前沿》）大数据是指大小超出了传统数据库软件工具的抓取、存储、管理和分析能力的数据群。

究竟多大的数据集才算大数据？这是没有标准的。作为特指的大数据，按EMC的界定，其中的"大"是指大型数据集，一般在10 TB规模以上。

数据最小的基本单位是bit（比特）。然后从小到大依次是bit、Byte、KB、MB、GB、TB、PB、EB、ZB、YB、BB、NB、DB，按照进率1 024（2的10次方）递进。

1 Byte = 8 bit

1 KB = 1 024 Bytes

1 MB = 1 024 KB

1 GB = 1 024 MB

1 TB = 1 024 GB

1 PB = 1 024 TB

1 EB = 1 024 PB

1 ZB = 1 024 EB

1 YB = 1 024 ZB

1 BB = 1 024 YB

1 NB = 1 024 BB

1 DB = 1 024 NB

《红楼梦》含标点 87 万字,每个汉字占 2 个字节(Byte),1 GB 约 617 部红楼梦,1 TB 约 631 903 部红楼梦,过去常说的"信息爆炸""海量数据"等已经不足以描述大数据。

(2)大数据的特征(3V+1V)

1)数量大(volume)

根据国际数据公司 IDC 发布的《数据时代 2025》白皮书,2025 年全球数据量将达 163 ZB。这意味着全球的数据量将以惊人的速度增长,这对数据管理、存储、分析等领域都提出了更高的要求。随着人工智能、物联网等新兴技术的发展,数据的增长速度可能还会进一步加快。

2)多样性(variety)

随着传感器、智能设备以及社交协作技术的飞速发展,组织中的数据也变得更加复杂,它不仅包含传统的关系型数据,还包含来自网页、互联网日志文件(包括点击流数据)、搜索索引、社交媒体论坛、电子邮件、文档、主动和被动系统的传感器数据等原始、半结构化和非结构化数据。

在大数据时代,数据格式变得越来越多样,涵盖了文本、音频、图片、视频、模拟信号等不同的类型;数据来源也越来越多样,不仅产生于组织内部运作的各个环节,也来自组织外部。

3)速度快(velocity)

在数据处理速度方面,有一个著名的"1 秒定律",即要在秒级时间范围内给出分析结果,超出这个时间,数据就失去价值了。

快速度是大数据处理技术和传统的数据挖掘技术最大的区别。大数据是一种以实时数据处理、实时结果导向为特征的解决方案。

大数据的"快"既体现在数据的产生速度快,也体现在数据的处理速度快。

4)价值密度低(value)

一部一小时的视频,在连续不间断监控过程中,可能有用的数据仅仅只有一两秒,然而通过强大的机器算法更迅速地完成数据的价值"提纯"是目前大数据研究中的关键问题。

5)真实性(veracity)

数据的价值不是体现在数据的规模,而应该由数据的真实性和质量来保障。追求数据的高质量是大数据的一项重要要求和挑战。

(3)大数据与传统数据的区别

传统数据主要来源于业务运营支撑系统、企业管理系统等,比如财务收入、业务发展量等结构化数据。大数据主要来源于互联网、移动互联网等,比如图片、文本、音频、视频等非结构化数据。当传统数据的数据量足够大时,我们也称之为大数据,比如信令、DPI 数据等。如图 7.1 所示为大数据与传统数据的区别。

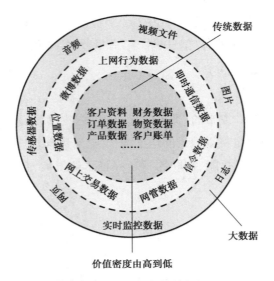

图 7.1　大数据与传统数据

图灵奖得主詹姆士格雷和戴瑟在"科学发展的 4 个范型"中,将人类科学研究的研究历史划分为 4 个阶段,如图 7.2 所示。

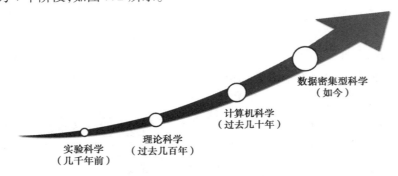

图 7.2　人类科学研究 4 个阶段

(4)大数据时代是否还需要统计

大数据的战略意义不在于掌握庞大的数据信息,而在于对这些含有意义的数据进行专业化处理。换言之,如果把大数据比作一种产业,那么这种产业实现盈利的关键,在于提高对数据的"加工能力",通过"加工"实现数据的"增值"。

大数据很大,它通常是自动收集的,这也意味着很多的噪声信息。有时候就被称作DRIP——Data Rich Information Poor。打个简单的比方,把大数据比作一座煤矿,并不是整个煤矿到处都有煤,需要探测煤的具体位置以及研究怎样挖煤。所以大数据并不是直接拿来就可以用的,需要用到大量的挖掘技术才能挖掘出大数据中的有效信息。而作为传统数据分析工具的统计当然可以提供很多技术支撑。

但由于大数据自身特点,它不具备传统统计数据的良好结构,所以我们需要提升传统统计分析技术的能力,开拓新统计思维,而并不是抛弃传统统计。另外,我们日常生活中遇到的数据大多数利用传统统计方法就可以得到。

大数据是以容量大、类型多、存取速度快价值密度低为主要特征的数据集合,由于这些数据本身规模巨大、来源分散、格式多样,所以需要新的体系架构、技术、算法和分析方法来对这些数据进行采集、存储和关联分析,以期能够从中抽取出隐藏的有价值的信息。

7.1.3 什么是数据挖掘

(1)数据挖掘

数据挖掘是一个多学科交叉的产物,涉及统计学、数据库、机器学习、人工智能及模式识别等多种学科,如图 7.3 所示。

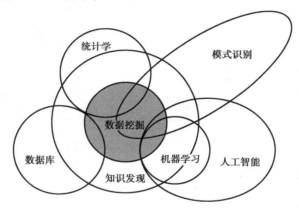

图 7.3 数据挖掘

随着互联网,特别是物联网的快速发展,海量数据从我们日常生活的每个角落源源不断地涌出,这就是众所周知的大数据时代的诞生。数据的爆炸性增长激起对新的数据处理技术和自动分析工具的强烈需求,这导致一个称作数据挖掘(data mining technology)的计算机学科前沿技术的产生。数据挖掘又称为数据库中的知识发现(knowledge discovery in database,KDD),它是从大量的、模糊的、不完全的、有噪声的随机数据中提取隐含在其中的人们事先不知道的,但又具有潜在价值的信息的过程。利用数据挖掘可以自动地将海量数据转换成有用的信息和知识,最终帮助我们作出正确的决策。

这个定义包括以下几层含义:数据源必须是真实、海量的;同时,发现的是用户感兴趣的知识;发现的知识要可被用户所接受和理解的,最好能用自然语言表达所发现的结果;所有发现的知识都是相对的,是有特定前提和约束条件,面向特定领域的,仅支持特定的发现问题即可。发现知识的方法可以是数学的,也可以是非数学的;可以采用演绎的方法,也可采用归纳的方法。发现的知识可以被用于信息管理、查询优化、决策支持和过程控制等,还可以用于数据自身的维护。数据库中的知识发现一词于 1989 年在美国底特律举行的第十一届国际联合人工智能(artificial intelligence,AI)学术会议上被 Gregory Piatetsky Shapiro 首次提出。1993 年,IEEE 的 Knowledge and Data Engineering 会刊率先出版了 KDD 技术专刊。并行计算、计算机网络和信息工程等其他领域的国际学会、学刊也把数据挖掘和知识发现列为专题和专刊讨论,时至今天甚至到了脍炙人口的程度。由此可见,数据挖掘技术涉及多个学科的综合,包括统计学、数据库技术、互联网技术、云计算、机器学习、人工智能、高性能并行计算和数据的可视化。

（2）大数据分析与传统数据分析有什么不同

大数据分析与传统数据分析的区别主要在关注点、数据集及分析结果 3 个方面。具体内容见表 7.1。

表 7.1　传统数据分析与大数据分析

类别	传统数据分析	大数据分析
关注点	描述性分析 诊断性分析	预测性分析
数据集	有限的数据集 干净的数据集 简单方法	大规模原始数据 多类型原始数据 复杂数据模型
分析结果	Causation：试件及其原因	Correlation：新的规律和知识

7.2　数据挖掘的常用软件

数据挖掘是从大量数据中发现潜在的、有用的信息和知识的过程。Python、scrapy 等各种分析软件可以为数据挖掘提供强大的支持和工具,帮助人们更轻松地进行数据挖掘、分析和可视化,提高数据分析的效率和精度,让人们更轻松地发现和提取数据中隐藏的有价值的信息和知识。数据挖掘常用的软件工具如下。

图 7.4　R 软件

7.2.1　R 与 Python

数据挖掘软件 R（图 7.4）优点在于函数都已经写好了,你只需要知道参数的形式就行了,有时候即使参数形式不对,R 也能"智能地"帮你适应。这种简单的软件适合想要专注于业务的人。

R 作为一款用于统计分析和图形化的计算机语言及分析工具,为了保证性能,其核心计算模块是用 C、C++ 和 Fortran 编写的。同时为了便于使用,它提供了一种脚本语言,即 R 语言。R 支持一系列分析技术,包括统计检验、预测建模、数据可视化等。

R 软件的首选界面是命令性界面,通过编写脚本来调用分析功能。如果缺乏编程技能,也可使用图形界面,比如使用 R Commander。

R 是一套完整的数据处理、计算和制图软件系统。其功能包括：数据存储和处理系统；数组运算工具（其向量、矩阵运算方面功能尤其强大）；完整连贯的统计分析工具；优秀的统计制图功能；简便而强大的编程语言：可操纵数据的输入和输出,可实现分支、循环,用户可自定义功能。

其次是 Python(图7.5),Python 是通用性语言,函数比 R 多,比 R 快。但是缺点是比 R 难学一点。它是一门语言,R 更像是一种软件,所以 Python 更能开发出更灵活的算法。它的语言简单易懂,做分析方便,而且可以开发大型软件。

7.2.2　Scrapy

Scrapy(图7.6)是 Python 开发的一个快速、高层次的屏幕抓取和 Web 抓取框架,用于抓取 Web 站点并从页面中提取结构化的数据。Scrapy 用途广泛,可以用于数据挖掘、监测和自动化测试。

图7.5　Python

图7.6　Scrapy

7.2.3　Weka

Weka(图7.7)是一款非常复杂的数据挖掘工具,也是名气很大的开源机器学习和数据挖掘软件。其原生的非 Java 版本主要是为了分析农业领域数据而开发的。该工具基于 Java 版本,支持多种标准数据挖掘任务,包括数据预处理、收集、分类、回归分析、可视化和特征选取。高级用户可以通过 Java 编程和命令行来调用其分析组件。同时,Weka 也为普通用户提供了图形化界面。

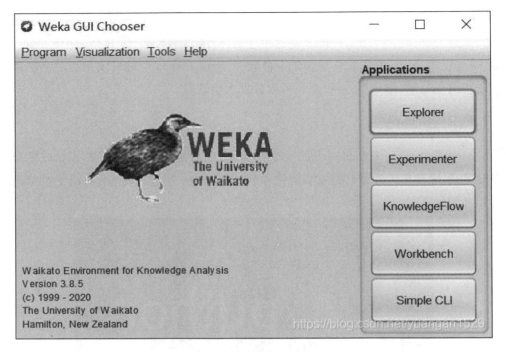

图 7.7　Weka

同时它还支持几种经典的数据挖掘任务,显著的数据预处理、集群、分类、回归、虚拟化以及功能选择。其技术基于假设数据是以一种单个文件或关联的,每个数据点都被许多属性标注。Weka 使用 Java 的数据库链接能力可以访问 SQL 数据库,并可以处理一个数据库的查询结果。高级用户可以通过 Java 编程和命令行来调用其分析组件。同时,Weka 也为普通用户提供了图形化界面。和 R 相比,Weka 在统计分析方面较弱,但在机器学习方面要强得多。

7.2.4　Oracle 数据挖掘(ODM)

Oracle 数据挖掘(Oracle data mining,ODM)是 Oracle 的一个数据挖掘软件和预测分析引擎,允许在通过 Oracle 数据基础设施可以访问的数据上建立和使用高级预测分析模型。Oracle 数据挖掘是在 Oracle 数据库内核中实现的,挖掘模型是第一类数据库对象。Oracle 数据挖掘流程使用 Oracle 数据库的内置功能来最大限度地提高可伸缩性并有效利用系统资源。

数据库内分析是目前的一个热门话题,而且 ODM 具有在数据库内完全制定并执行模型的能力,使它成为任何有兴趣使用预测分析利用他们所拥有的大部分操作数据的人的最佳选择。

7.2.5　Tableau

Tableau 提供了一系列专注于商业智能的交互式数据可视化产品。Tableau 允许通过将数据转化为视觉上吸引人的交互式可视化(称为仪表板)来实现数据的洞察与分析。

这个过程只需要几秒或几分钟,并且通过使用易于使用的拖放界面来实现。

7.2.6　RapidMiner

RapidMiner 是最受欢迎的免费数据挖掘工具之一,它是一个开源的数据挖掘软件,由 Java 语言编写而成,提供一些可扩展的数据分析挖掘算法的实现,旨在帮助开发人员更加方便快捷地创建智能应用程序。该款工具最大的好处就是,用户无须写任何代码。它是作为一个服务提供,而不是一款本地软件。

另外,它提供的实验由大量的算子组成,而这些算子由详细的 XML 文件记录,并被 RapidMiner 图形化的用户接口表现出来。RapidMiner 为主要的机器学习过程提供了超过 500 个算子,并且,其结合了学习方案和 Weka 学习环境的属性评估器。它是一个独立的工具可以用来做数据分析,同样也是一个数据挖掘引擎可以用来集成到你的产品中。

除了界面友好易于使用的优点,Orange 的强项在于提供了大量可视化方法,可以对数据和模型进行多种图形化展示,并能智能搜索合适的可视化形式,支持对数据的交互式探索。

7.2.7　KNIME

KNIME 是一款基于 Eclipse 开发环境而开发的数据挖掘工具。无须安装,方便使用,是 Java 语言开发的一款开源的数据分析、报告和综合平台,拥有数据提取、集成、处理,分析、转换以及加载所需的所有数据挖掘工具。此外,它具有图形用户界面,可以扩展使用 Weka 中的挖掘算法。KNIME 采用的是类似数据流(data flow)的方式来建立分析挖掘流程。挖掘流程由一系列功能节点(node)组成,每个节点有输入/输出端口(port),用于接收数据或模型、导出结果。可以帮助用户轻松连接节点进行数据处理。

7.2.8　Orange

Orange 是一个以 Python 语言编写的基于组件的数据挖掘和机器学习软件套件。它是一个开发源码的数据可视化和分析的新手和专家。数据挖掘可以通过可视化编程或 Python 脚本进行。它还包含了数据分析、不同的可视化、从散点图、条形图、树、到树图、网络和热图的特征。

Orange 是一个开源数据挖掘和机器学习工具,它的图形环境称为 Orange 画布(orange canvas),用户可以在画布上放置分析控件(widget),然后把控件连接起来即可组成挖掘流程。这里的控件和 KNIME 中的节点是类似的概念。每个控件执行特定的功能,但与 KNIME 中的节点不同,KNIME 节点的输入输出分为两种类型(模型和数据),而 Orange 的控件间可以传递多种不同的信号。Orange 的控件不像 KNIME 的节点分得那么细,也就是说要完成同样的分析挖掘任务,在 Orange 里使用的控件数量可以比 KNIME 中的节点数少一些。Orange 的好处是使用更简单一些,但缺点是控制能力要比 KNIME 弱。

此外,它包含了完整的一系列的组件以进行数据预处理,并提供了数据账目、过渡、建模、模式评估和勘探的功能。Orange 的弱项在于传统统计分析能力不强,不支持统计检验,报表能力也有限。Orange 的底层核心也是采用 C++编写,同时允许用户使用 Python 脚本语言来进行扩展开发。

7.2.9　Pentaho

Pentaho 为数据集成、业务分析以及大数据处理提供一个全面的平台。使用这种商业工具,你可以轻松地混合各种来源的数据,通过对业务数据进行分析可以为未来的决策提供正确的信息引导。

Pentaho 整合了多个开源项目,目标是和商业 BI 相抗衡。它偏向于与业务流程相结合的 BI 解决方案,侧重于大中型企业应用。它允许商业分析人员或开发人员创建报表、仪表盘、分析模型、商业规则和 BI 流程。

7.2.10　NLTK

NLTK(natural language tool kit)(图 7.8)最适用于语言处理任务,因为它可以提供一个语言处理工具,包括数据挖掘、机器学习、数据抓取、情感分析等各种语言处理任务。而用户需要做的只是安装 NLTK,然后将一个包拖拽到最喜爱的任务中,就可以去做其他事了。因为它是用 Python 语言编写的,用户可以在上面建立应用,还可以自定义小任务。

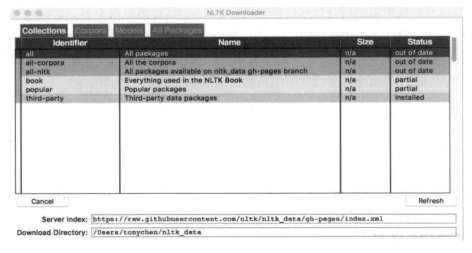

图 7.8　NLTK

图 7.9　八爪鱼采集器

7.2.11　八爪鱼采集器

八爪鱼(图 7.9)是一款通用网页数据采集器,使用简单,完全可视化操作;功能强大,任何网站均可采集,数据可导出为多种格式。

7.3 数据挖掘的基本流程

从数据本身来考虑,数据挖掘通常需要有信息收集、数据集成、数据规约、数据清理、数据变换、数据挖掘实施过程、模式评估和知识表示8个步骤。

①信息收集:根据确定的数据分析对象,抽象出在数据分析中所需要的特征信息,然后选择合适的信息收集方法,将收集到的信息存入数据库。对于海量数据,选择一个合适的数据存储和管理的数据仓库是至关重要的。

②数据集成:把不同来源、格式、特点性质的数据在逻辑上或物理上有机地集中,从而为企业提供全面的数据共享。

③数据规约:如果执行多数的数据挖掘算法,即使是在少量数据上也需要很长的时间,而做商业运营数据挖掘时数据量往往非常大。数据规约技术可以用来得到数据集的规约表示,它小得多,但仍然接近于保持原数据的完整性,并且规约后执行数据挖掘结果与规约前执行结果相同或几乎相同。

④数据清理:在数据库中的数据有一些是不完整的(有些感兴趣的属性缺少属性值)、含噪声的(包含错误的属性值),并且是不一致的(同样的信息不同的表示方式),因此需要进行数据清理,将完整、正确、一致的数据信息存入数据仓库中。不然,挖掘的结果会不尽如人意。

⑤数据变换:通过平滑聚集、数据概化、规范化等方式将数据转换成适用于数据挖掘的形式。对于有些实数型数据,通过概念分层和数据的离散化来转换数据也是重要的一步。

⑥数据挖掘实施过程:根据数据仓库中的数据信息,选择合适的分析工具,应用统计方法、事例推理、决策树、规则推理、模糊集,甚至神经网络、遗传算法的方法处理信息,得到有用的分析信息。

⑦模式评估:从商业角度,由行业专家来验证数据挖掘结果的正确性。

⑧知识表示:将数据挖掘所得到的分析信息以可视化的方式呈现给用户,或作为新的知识存放在知识库中,供其他应用程序使用。

数据挖掘过程是一个反复循环的过程,每一个步骤如果没有达到预期目标,都需要回到前面的步骤,重新调整并执行。不是每件数据挖掘的工作都需要这里列出的每一步,例如在某个工作中不存在多个数据源的时候,步骤②便可以省略。

步骤③数据规约、步骤④数据清理、步骤⑤数据变换又合称数据预处理。在数据挖掘中,至少60%的费用可能要花在步骤①信息收集阶段,而其中至少60%的精力和时间花在了数据预处理过程中。

7.4 数据挖掘的常用方法

7.4.1 分类分析

分类是指找出数据库中一组数据对象的共同特点并按照分类模式将其划分为不同的类,其目的是通过分类模型,将数据库中的数据项映射到某个给定的类别。分类算法一般有:决策树、bayes 分类、神经网络、KNN 法(K-Nearest Neighbor)、向量空间模型(VSM)、支持向量机(SVM)等。

7.4.2 回归分析

回归分析方法反映的是事务数据库中属性值在时间上的特征,产生一个将数据项映射到一个实值预测变量的函数,发现变量或属性间的依赖关系,其主要研究问题包括数据序列的趋势特征、数据序列的预测以及数据间的相关关系等。回归算法包括线性回归、岭回归、losso 回归、多项式回归算法等。

例如,吴健波[①]等人利用 Logistic 回归建立冲击地压预警模型。

将冲击地压分为"发生"和"未发生"两种状态,设冲击地压发生因变量为 y,则 $y=1$ 表示冲击地压发生,$y=0$ 表示冲击地压未发生。设冲击地压发生的评价指标向量为 $\boldsymbol{x}=[x_1,x_2,\cdots,x_m]$($x_i$ 为第 i 个评价指标,$i=1,2,\cdots,m$,m 为评价指标总数),冲击地压发生的条件概率为 $E(y=1 \mid x_i)=p_i$(p_i 为冲击地压发生概率),则 Logistic 回归模型可表示为

$$E(y = 1 \mid x_i) = p_i = \frac{1}{1 + exp\left(-\alpha_0 - \sum_{i=1}^{m} \alpha_i x_i\right)} \tag{7.1}$$

式中,α_0 为常数;α_i 为评价指标 x_i 的耦合权重参数。

对冲击地压发生概率与不发生概率之比 P(称为优势比)进行 logit 变换(取对数),得到 Logistic 回归模型的线性表达式:

$$\text{logit } P = \ln \frac{p_i}{1 - p_i} = \alpha_0 + \sum_{i=1}^{m} \alpha_i x_i \tag{7.2}$$

指标耦合权重参数向量 $\boldsymbol{\alpha}=[\alpha_0,\alpha_1,\cdots,\alpha_m]$,通常采用最大似然估计法进行求解。向量 $\boldsymbol{\alpha}$ 的最大似然函数为

$$L(\boldsymbol{\alpha}) = \prod_{I=1}^{M} p_i (1 - p_i)^{1-y} \tag{7.3}$$

对式(7.3)取对数可得

---

① 吴健波,王恩元,任学坤,等. 基于 Logistic 回归的大采深厚煤层冲击地压预警[J]. 工矿自动化,2017,43(6):42-46.

$$\ln L(\boldsymbol{\alpha}) = \sum_{i=1}^{m} \left[y \ln p_i + (1-y)\ln(1-p_i) \right] \tag{7.4}$$

根据最大似然原理,为求得使对数似然函数[式(7.4)]达到最大值的指标耦合权重参数向量 $\boldsymbol{\alpha}$,对 $\ln L(\boldsymbol{\alpha})$ 求一阶导数并令其为 0,再采用 Newton Raphson 非线性迭代法求解,即可得到指标耦合权重参数向量 α 的最大似然估计值。

7.4.3 聚类分析

聚类分析是把一组数据按照相似性和差异性分为几个类别,其目的是使属于同一类别的数据间的相似性尽可能大,不同类别中的数据间的相似性尽可能小。

聚类,就是指按照相似性和差异性,把一组对象划分成若干类,并且每个类里面对象之间的相似度较高,不同类里面对象之间相似度较低或差异明显。与分类不同的是聚类不依靠给定的类别对对象进行划分。

例如,基于时-空维度聚类分析方法,对循环加卸载条件下煤样声发射事件进行聚类分析[1]:

首先,需要确定时空相关系数 C。时空相关系数 C 描述了声发射事件之间在空间尺度与时间跨度上的联系。当加载速率较快时,煤岩体快速变形破坏,时间效应较强,C 应取较大值。当加载速率较慢时,煤岩体变形破坏速度较慢,时间效应较弱,C 应取小值。

其次,初始特征值 E **也会对分类结果产生重要影响。** 由于声发射事件根据键长长度进行划分,因此初始特征值 E 平均分布在整个键长范围内以获得最好的分类效果。即,若总共有 n 个声发射事件,将其按照键长长度从小到大排列。若 $k=1$,E_1 即为第 $n/2$ 个声发射事件对应的键长;若 $k=2$,E_1 为第 1 个声发射事件对应的键长,E_2 为第 n 个声发射事件对应的键长;若 $k=3$,E_1 为第 1 个声发射事件对应的键长,E_2 为第 $n/2$ 个声发射事件对应的键长,E_3 为第 n 个声发射事件对应的键长;以此类推。

最后,需要确定聚类类别数目 k。论文中初始选定聚类类别数目 $k \in [1,10]$,确定对应的初始特征值,并进行启发式迭代计算。根据下式对不同 k 值条件下的分类结果进行计算并作图:

$$SSE = \min\left(\sum_{i=1}^{k} \sum_{x \in D_i} (x - E_i)^2 \right)$$

计算结果表明,当 $k=3$ 时,存在明显的肘部拐点。因此,选择 $k=3$ 时的声发射事件分类结果进行进一步研究。

图 7.10 描述了 $k=3$ 时不同加卸载阶段声发射事件时-空维度聚类分析结果。

---

① 张志博,李树杰,王恩元,等.基于声发射事件时-空维度聚类分析的煤体损伤演化特征研究[J].岩石力学与工程学报,2020,39(S2):3338-3347.

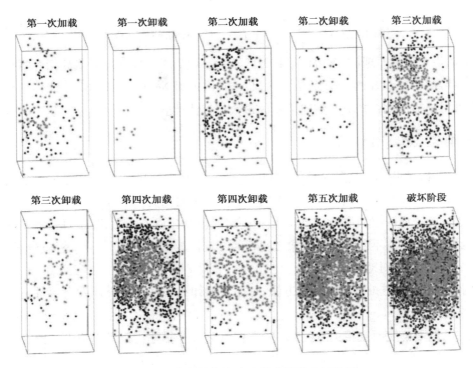

第一次加载　第一次卸载　第二次加载　第二次卸载　第三次加载

第三次卸载　第四次加载　第四次卸载　第五次加载　破坏阶段

图 7.10　声发射事件时-空维度聚类分析结果

7.4.4　关联分析

关联规则是描述数据库中数据项之间所存在的关系的规则,可以从一件事情的发生,来推测另外一件事情的发生,即隐藏在数据间的关联或相互关系,从而更好地了解和掌握事物的发展规律等。

例如,李燕等人[①]利用灰色关联熵权法分析各个影响因素对煤与瓦斯突出的影响程度,影响因素的关联度从大到小的排序如下:开采深度($G6$)>瓦斯放散初速度($G3$)>瓦斯压力($G1$)>瓦斯含量($G2$)>煤的破坏类型($G5$)>煤的坚固性系数($G4$),关联度的顺序反映了影响因素对煤与瓦斯突出作用的强弱,关联度顺序越靠前,则相应的影响因素对煤与瓦斯突出的作用就越强,见表 7.2。

表 7.2　灰色关联度

影响因素	平均灰色关联度	加权灰色关联度	关联度顺序
G_1	0.709 3	0.149 1	3
G_2	0.673 2	0.138 5	4
G_3	0.711 5	0.150 6	2
G_4	0.620 9	0.119 4	6
G_5	0.654 4	0.130 6	5
G_6	0.714 2	0.152 9	1

① 李燕,南新元,蔺万科.煤与瓦斯突出危险性预测[J].工矿自动化,2022,48(3):99-106.

7.4.5　特征分析

特征分析是从数据库中的一组数据中提取出关于这些数据的特征式,这些特征式表达了该数据集的总体特征。特征选择的目的在于从海量数据中提取出有用信息,从而提高数据的使用效率。其中,特征有效性的选择评价有概率论、数理统计、信息论、IR 领域的度量等。

7.4.6　变化与偏差分析

偏差是数据集中的小比例对象。通常,偏差对象被称为离群点、例外、野点等。偏差分析是一个有趣的数据挖掘任务,其目的是发现与大部分其他对象不同的对象。如分类中的反常实例,模式的例外,观察结果对期望的偏差等。

7.4.7　Web 页挖掘

随着 Internet 的迅速发展及 Web 的全球普及,使得 Web 上的信息量无比丰富,通过对 Web 的挖掘,可以利用 Web 的海量数据进行分析,收集政治、经济、政策、科技、金融、各种市场、竞争对手、供求信息、客户等有关的信息,集中精力分析和处理那些对企业有重大或潜在重大影响的外部环境信息和内部经营信息,并根据分析结果找出企业管理过程中出现的各种问题和可能引起危机的先兆,对这些信息进行分析和处理,以便识别、分析、评价和管理危机。

7.4.8　算法模型的选择

目前可用于机器学习、数据分析的算法种类繁多,选择合适的算法作为分析手段,对数据分析结果的准确性及有效性至关重要。算法选择的一般流程如图 7.11 所示。

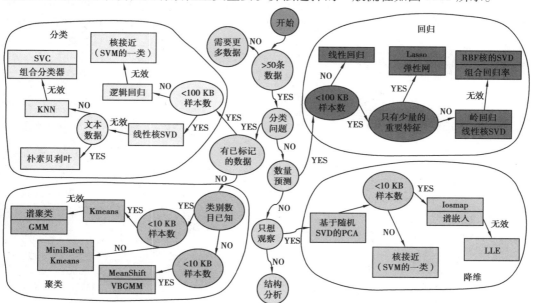

图 7.11　算法模型选择路线

7.5 大数据挖掘分析的前景、应用与探讨

7.5.1 在监测系统构建中的应用

随着煤炭行业机械化与多元化的逐渐推进及两化融合的不断革新,安全监控、采煤系统、掘进系统、机电系统、运输系统、通风系统、紧急避险等系统的不断投入使用,涌现出了大量级别不同、规模不同的数据资源,这为大数据在能源领域的应用提供了可能,采用大数据方法也可大大提高煤矿安全生产水平。

利用数据挖掘技术可较好地突破煤矿瓦斯预测技术目前存在的瓶颈,不仅可以从海量的数据中挖掘出有利的信息,还可得到潜在的隐藏信号,实现煤矿安全监管信息的有效获取,有利于煤矿瓦斯灾害防治工作的进行。此外,还可根据现有的数据运用数据挖掘方法筛选出更多有价值的信息。

7.5.2 在瓦斯预警中的应用

目前,很多煤矿都采用安全监测监控系统防控瓦斯灾害,根据监测监控系统进行的预警是目前学者们研究的新方向,而瓦斯预警技术是国内外学者的主要研究方向。

大量学者集中研究了地质构造、采煤方法等条件对瓦斯涌出的影响,主要通过构建相关预测模型并采用不同方法实现对煤矿工作面瓦斯涌出量的预测预判,并且通过相关文献可知目前国内外学者对瓦斯涌出及相关瓦斯灾害的预测预警水平已相对较高,但是缺乏识别正常涌出与异常波动的研究。因此,有必要从瓦斯预警的角度研究瓦斯正常涌出与异常波动的数据分布规律,从而总结出瓦斯涌出特征以便更好地掌握瓦斯涌出规律,进而丰富瓦斯涌出预测预警相关理论,对于矿井瓦斯相关灾害的防控具有重要的指导意义。

第8章
实验报告和实验性论文的撰写 ⋯⋯⋯⋯⋯⋯⋯⋯⋯⋯⋯◎

8.1 实验报告撰写

实验报告是对实验工作整理后写出的简明扼要的书面报告。整理实验结果和撰写实验报告是做完实验后最基本的工作,它可以使学生对实验过程中获得的感性知识进行全面总结并可提高到理性认识,知道已取得的结果,了解尚未解决的问题和实验须注意的事项,并提供有价值的资料。

撰写实验报告的过程是学生用所学基本理论对实验结果进行综合分析,逻辑思维上升为理论的过程,也是锻炼学生科学思维,独立分析和解决问题,准确地进行科学表达的过程。

8.1.1 作用及特点

实验报告是在科学研究活动中人们为了检验某一种科学理论或假设,通过实验中的观察、分析、综合、判断,如实地把实验的全过程和实验结果用文字形式记录下来的书面材料。实验报告具有信息交流和保留资料的作用,实验报告具有如下特点:

(1)正确性

实验报告的写作对象是科学实验的客观事实,内容科学,表述真实、质朴,判断恰当。

(2)客观性

实验报告以客观的科学研究的事实为写作对象,它是对科学实验的过程和结果的真实记录,虽然也要表明对某些问题的观点和意见,但这些观点和意见都是在客观事实的基础上提出的。

(3)确证性

确证性是指实验报告中记载的实验结果能被任何人所重复和证实,也就是说,任何人按给定的条件去重复这项实验,无论何时何地,都能观察到相同的科学现象,得到同样的结果。

(4)可读性

可读性是指为使读者了解复杂的实验过程,实验报告的写作除了以文字叙述和说明,还常常借助画图像、列表格、作曲线图等方式,说明实验的基本原理和各步骤之间的关系,解释实验结果等。

8.1.2 实验报告基本内容

（1）标题

与其他论文类型一样,实验报告一般会有一个标题页。标题页应该包括以下内容:报告题目、学生姓名、合作者姓名、学校、系所及专业。此外,标题页上还可以提到自变量和因变量。

（2）摘要

写摘要的目的是概括报告的内容,不加评论和补充解释,篇幅以 150 字左右为宜。摘要应该简洁、具体地反映报告的实质性信息,包括实验目的及理由、参与人和计划、实验方法论、最重要的发现和观点、该实验的意义和重要性。值得一提的是,尽管摘要位于报告的开头,但最好在整个报告写完之后再写摘要。

（3）实验目的和原理

①实验目的:主要说明通过实验验证有关学科理论,验证某些结论所要达到的预期结果或实验的追求目标。

②实验原理:介绍实验的理论依据,有时候可以酌情省略。

（4）实验内容

这部分要写明依据何种原理,提供该研究的理论基础,解释实验的目标和假设之间的联系。很多人都把目标和假设混淆起来,其实这是两个不同的概念。研究目标是研究者希望通过实验达到的目的,而研究假设则是研究者根据经验事实和科学理论对所研究的问题的理由做出的一种假定性解释,简而言之,就是研究问题的暂时答案。实验内容这一部分需要在理论基础上,简明地介绍实验题目并确定关键词;解释理论框架;综述以前的相关研究(其目的是什么？ 它们发现了什么？ 有什么结果？ 其结果和理论框架有什么联系？ 解释该实验如何填补研究的空白);明确地表明该实验的目标和假设。值得关注的是,要保持思维的清晰性和逻辑性,没必要详细地介绍相关研究的过程和细节。

（5）实验方法

在这里需要简单地介绍所使用的研究方法。这部分的要求可以归纳为以下几点:
①写作时,使用第三人称。
②一定要使用过去时态。
③为了让别人能够验证你的实验,需要提供该实验的细节。
④没必要解释为什么你选择了某种方法,告诉你做了什么即可。

（6）实验结果

实验结果根据实验目的,对原始记录进行系统化、条理化的整理、归纳和统计学处理。其表达一般有图、表和文字叙述 3 种。

①叙述式：用文字将观察到的、与实验目的有关的现象客观地加以描述，描述时需有时间概念和顺序上的先后层次。

②表格式：以表格形式记录实验的原始数据，能较为清楚地反映观察内容，有利于互相对比。每一表格应说明一定的中心问题，应有标题和计量单位。

③简图式：经过编辑标注的原始记录曲线，经过统计处理的统计图表以及对图表的说明文字。如实验中描记的血压、呼吸等可用曲线图表示；也可取其不同的时项点，用直线图表示。

（7）讨论

在相关的理论知识的基础上，对所得到的实验结果进行解释和分析。讨论需要提到的问题包括：如果你的实验结果和预期的结果一致，那么它可以验证什么理论？实验结果有什么意义？说明了什么问题？写作时，需要注意以下几点：

①总结你的发现，而且把结果与假设联系起来。

②把结果与介绍中的背景资料进行对比，然后提出结论。

③提一些建设性的建议改进你的研究（如果有机会的话）。

④写下本研究的发现对人们在现实生活中的行为方式有什么意义。

⑤概括你的发现和讨论的要点（用 2～3 句话）。

（8）结论

结论是实验工作的总结概括，文字要简短，不用表和图。归纳报告中能反映事物本质规律而得出的结论，结论要与实验目的呼应。

（9）参考文献

对实验报告有启示或帮助的参考文献应当列出。

8.2　实验性论文撰写

8.2.1　标题

不难想象，作为论文的头条，论文的标题既要求能准确反映论文的主题，又要能吸引读者。在《自然》周刊的文章中，杰克·李巧妙地用英文字母表中前 6 个字母 ABCDEF 来总结标题的要求，这 6 个字母分别代表 Accurate，Brief，Clear，Declarative，Engaged 和 Focused。中文意思分别是准确、简练、清楚、说明问题、吸引人和专注。

为了做到这些，要求标题满足三原则：用词具体、句型简洁、定位明确。下面就来讨论这 3 个原则分别是什么意思以及如何满足。

（1）用词具体

采用的词汇应该是专业术语。格兰特（Maria J. Grant）认为，这些术语既要求信息丰富又要求很具体。一个显而易见的好处是,用词具体会有利于人们从检索系统中筛选到这篇文章。比如,你的论文讨论的是流星的陨落问题,那么标题中不能只用"流星",而应使用"流星陨落"。这样,对流星陨落感兴趣的读者,在检索系统中输入"流星陨落",就能检索到你的论文。如果论文标题只出现了"流星",那么读者在检索系统中输入"流星陨落",就检索不到,而如果输入"流星",就会出现许多与流星陨落不相关的论文,以致需要花费很多人工筛选的时间才能找到甚至有可能找不到你的论文。

(2)句型简洁

既然是标题,差不多就是一行的长度(当然有时可以是 2~3 行),格兰特认为,这就需要在保证能传递主要创意的前提下,做到简明扼要。

研究表明,太长的标题不会吸引读者,阅读量和引用量与标题长度呈一定的负相关关系。也因此,一些期刊指南会对标题的长度有相关要求与限制。统计表明,标题的字数为 2~24 个,平均约为 9 个。

派瓦(Carlos Eduardo Paiva)等人发表在期刊《Clinic》2012 年第 67 卷的研究表明,英文论文标题字符数小于 94.5 时,论文引用率更高。如果按每个单词 5 个字母计算,标题包含的单词数应该低于 19 个,也有学者建议最长不要超过 16 个单词。

(3)定位明确

对用词具体和句型简洁的要求很容易达成共识。然而,还有一些其他要求,不同人的看法表面上不一样。我们认为,其他要求的一部分其实隐含在用词具体和句型简洁的要求之中,另外的部分可以用定位明确来概括。

比如,普遍要求标题要吸引人,但这其实体现在用词具体、句型简洁和定位明确之中,如果满足这三原则,那么标题就有吸引力。期刊要求中明确提出,不允许采用标题党之类的形式以达到吸引人的目的。吸引人必须通过满足三原则来实现。

定位明确可以包含多个方面的含义:

第一,能体现论文的类型是什么,如综述(review paper,此时可能直接采用 review of…,survey of…,state of the art of…,advance of…,current status of…)、标准研究论文(standard research paper)或者某种形式的短文(如 technical note)。

第二,主要针对标准研究论文,应能反映出你的主要贡献。比如,是提出了一条理论、一个方法、一个原理、一个发现、一条结论,是给了一个计算、一个分析、一些数据、一个推广,还是做了一个验证、一个测试、一个标定、一个应用,等等。

第三,清晰地界定论文的范围,既不能太宽也不能太窄,如果论文发明的测量方法只适用于低速,那么就可以加低速限定,如:

A laser-based measurement method in low speed application 而不要写成:A laser-basedmeasurement.

可见,标题需要在表述简洁与信息详尽的矛盾之间折中,其难度可想而知。难怪有人说,写标题是一种艺术。

8.2.2　摘要

论文摘要又称概要、内容提要。摘要是以提供文献内容梗概为目的，不加评论和补充解释，简明、确切地记述文献重要内容的短文。其基本要素包括研究目的、方法、结果和结论。具体地讲就是研究工作的主要对象和范围，采用的手段和方法，得出的结果和重要的结论，有时也包括具有情报价值的其他重要的信息。摘要应具有独立性和自明性，并且拥有与文献同等量的主要信息，即不阅读全文，就能获得必要的信息。摘要不容赘言，故需逐字推敲。内容必须完整、具体、使人一目了然。

（1）摘要的主要内容

①指出目的与重要性。指出此研究的特定目的，若标题中已能清楚表明，则可不必在摘要中重复说明。

②材料与方法。说明研究中所用的实验材料，简短地说明实验设计的模式，必要时叙述实验的方法、所用条件及所加的限制条件等。

③结果。结果的说明应该有选择性，仅就工作中重要的、新的或显著的发现或观点加以说明，重要的数据应该在此提出作为佐证。

④结论。结论要以重要的结论为主，简短地说明即可。

（2）摘要的写作要点

①简洁。摘要一般要有中文摘要和与之对应的外文摘要。中文摘要一般不宜超过300字（如遇特殊需要字数可以略多）；外文摘要不宜超过250个实词，所以摘要要排除相关学科领域内常识性的内容，要力避引证和举例，要准确使用名词术语、恰当使用缩略语等。

②完整。摘要应具有独立性和自含性，即摘要本身有论点、有论据、有结论，合乎逻辑，是一篇结构完整的短文，读者仅读摘要就可以理解论文的主要内容、作者的新观点和想法、课题所要实现的目的、采取的方法、研究的结果与结论。

③准确。摘要的内容与论文的内容要对应、相称，不要在摘要中传达论文未涉及的信息，也不要让摘要丢失论文的重要内容，以保证摘要准确无误地传达论文的主旨。

④平实。摘要无须对论文进行评价，尤其不能对论文进行拔高评价，如"本文超越前人的研究""本文全面论述了这一问题"之类的话语就不能出现在摘要中，因为对论文的评价不是由摘要说了算的。故摘要的主语不能是"本文""该文""本文作者""笔者"之类，而应以论文研究的对象为主语，如论文研究的对象是"素质教育"，那么摘要的主语就首选"素质教育"。

⑤求新。摘要应将论文中原创的、最具新意的部分突显出来，论文有什么新观点、用了什么新论据、采用了哪些新的研究方法、得出了什么新结论等要在摘要中着重反映，因为判断一篇论文是否有价值主要就是依据论文是否提供了新东西。

8.2.3　引言

引言是继文章标题和摘要过后,读者首先阅读到的。因此,为论文撰写一个有力的开头至关重要。通过引言,可以向读者和评审专家展示研究课题的价值,以及论文的出彩之处。引言具有多个功能,它介绍研究背景、研究主题、研究目标,并给出论文概述。好的引言为论文打下坚实的基础,并鼓励读者继续阅读论文主体部分——研究方法、研究结果与讨论。本节介绍了为论文撰写有力引言的十大技巧。这些技巧主要适用于各种研究论文和快报。虽然其中一些技巧是针对某些具体领域,但要点是普遍适用的。

(1)引言的一般结构

①引言段。为广大读者概述主题;聚焦本文研究主题;提出研究问题和研究目的。

②文献综述(通常有几段)。总结该主题的相关文献;描述研究现状;指出你的研究将填补文献中的某处空白。

③研究目标(通常为一段)。提出假设或研究问题;简要描述研究步骤;预测主要研究结果,指出该研究的贡献(可选)。

④论文概述(可选,通常为一段)。逐节概述论文内容。

(2)引言的写作要点

①开篇角度要尽量放宽然后缩小范围。在第一段,首先简要描述广泛的研究领域,然后缩小到本文特定领域。这有助于将你的研究主题置于更广泛的领域,使该项研究拥有更广泛的受众,而不仅仅是本领域的专家。

②提出研究目的和意义。有些论文因为"没有表现出主题意义"或"缺乏明确的动机"而被拒绝,正是忽略了这一点。应该指出你想达到的目的并激发读者对该项研究成果的兴趣。其基本结构可以概括为"我们旨在完成 X,X 的重要性在于它可以带来 Y"。

③充分引用但不滥用引文。聚焦到该研究主题后,应该充分涵盖最新的相关文献。文献综述应该完整,但不能冗长,记住,你并不是在写综述性文章。如果引言部分太长或过度引用,一种可行的解决办法是只引用综述性的文章,而无须提及综述中包含的各篇论文。

④避免在单一观点上引用过多文献。以这句话为例:"许多研究发现 X 和 Y 之间存在显著关联[4-15]。"这句话一次性引用了太多研究。虽然参考文献[4-15]可能对该主题做出了很好的概述,但这句话并没有详细介绍这些研究的背景和内容。如果这些参考文献的确存在参考价值,那么应该得到具体的讨论。例如,"在男性[4-7]、女性[8-11]和儿童[12-15]中发现了 X 和 Y 之间存在显著关联。"

⑤指明假设或研究问题。对于实证科学的研究,提出假设是构建研究的有效方式。例如,我们不会说"在本研究中,我们用方法 A 证明 X 与 Y 有关",而是说"在本研究中,我们假设 X 与 Y 有关,然后使用方法 A 来检验这个假设"。而对于正规科学研究或探索性研究,提出的研究问题就应该表述为:"在本研究中,我们验证的研究问题是:X 与 Y 有关吗?"值得注意的是,研究问题并不总是以疑问形式(带问号)说明;相反,你可以把问题

放到一个陈述句中:"在这项研究中,我们调查 X 是否与 Y 有关。"假设和研究问题之所以有效,是因为它们有助于论文结构形成,并作为重要的"提示短语",引导读者顺利理解论文。

⑥考虑概述全文。组织概述在某些领域比其他领域更常见。例如,它在技术领域尤为常见,而在医学上却相对较少。如果你的领域适用,那么在引言的最后一段可以对论文进行逐节概述。例如,第二节描述分析方法和使用的数据集。第三节提出研究结果。第四节对研究结果进行讨论并将我们的发现与文献研究进行比较。第五节阐述结论,并为今后的研究提出可能的选题。

⑦保持简短。尽量避免引言的篇幅过长。虽然查看期刊指南和以往发表的文章可以得到更具体的参考,但合适的篇幅是 500 ~ 1 000 个字。

⑧阐释,而不是告知。引言的作用之一就是阐释你所研究主题的价值。最常见的误区之一就是简单地陈述为"主题 X 很重要",但实际上还需要说明它为什么重要。例如,不能写"开发新材料对汽车行业很重要",而应该是"开发新材料对汽车行业生产更坚固、更轻便的车辆是必要的,这将提高汽车安全性、促进燃料经济"。

⑨避免过多的细节描述。在引言中,如果你的论文在介绍方法之前大量地概括研究主要成果,那么应该避免陈述太多详细的结果,因为这些结果只有随着论文其他章节的展开才能得到正确理解。相比说"我们发现我们的算法只需要传统算法55%的内存和45%的计算时间",更好的是在引言中对研究发现进行概述:"本文比较了新提出的算法和传统算法在占用内存和运算速度方面的差异,发现新提出的算法程序既小又快。"一些老式指南建议不要写主要结果从而建立悬念吸引读者,但现在许多领域的期刊(医学是一个显著例外)鼓励在引言中概述主要结果。

8.2.4 研究方法

研究方法是指我们用来研究问题并得到研究结果的方式。只有使用专业的研究方法,才能解决有价值的问题并获得有意义的研究结果。如果我们已经完成了研究,那么我们肯定掌握并成功应用了所采取的研究方法,剩下的就是在论文中按规范和习惯介绍研究方法。

研究方法的介绍既需要满足规范,又需要遵循一些习惯。规范是规则性的东西,相对而言比较好介绍。介绍研究方法的习惯则会与学科、专业、问题和具体的研究有关,因此很难在这里进行全面介绍。考虑到规范与习惯两个问题的复杂性和多样性,本节仅对如何介绍方法给出一些建议。

(1)介绍研究方法的作用

在论文中不能忽视研究方法的介绍,因为在读者看来,我们所使用的研究方法可能有多个方面的作用:

①几乎所有读者都会希望了解我们是如何得到研究结果的,这是人们关注的与学术

论文相关的基本要素之一。其他要素是问题是什么、目的是什么、研究结果是什么、有什么结论。

②对研究结果特别感兴趣的读者可能会重复使用我们介绍的方法以便检验能否重复我们的结果,对于那些引起重大关注的结果尤其如此,因为人们在接受结果之前希望重复检验。

③资深读者包括论文审稿人一般会依据我们使用的方法的合理性来判断研究结果是否正确或值得信赖。

④相对于研究问题,资历较浅的读者可能会学习我们介绍的研究方法,以便用于解决相似问题。

⑤使用相似方法解决问题的读者可以从我们的方法介绍中吸取更多经验。

⑥一些使用其他方法但处理相似问题的读者会将他们得到的结果与我们介绍的方法得到的结果进行比较,以便论证他们的结果或方法的合理性。例如,我们使用计算机模拟得到了结果,而他们使用数学理论得到了相似结果,他们希望两者进行比较,如果吻合,那么就进一步证明了他们的结果的合理性。

⑦一些需要解决更广泛问题或追求更有深度结果的读者会将我们介绍的方法加以改进,以便应用于不同问题或得到更多、更有价值的发现。

（2）研究方法的介绍内容

按照一般性说法,方法介绍需要顾及如下五个方面的内容。对于规范结构的论文和部分自由结构的论文,这五部分内容放在一章或一节按顺序介绍,对于逻辑型结构和另一部分自由结构的论文,这五部分内容可以按某种逻辑分散在论文的各个部分。

第一部分是研究采取的大致思路是什么？这是一个顶层设计问题。在引言中的研究思路中应有一个简要介绍。如果研究方法放在某独立的一级大纲之中,可以在起始位置介绍这一思路。

第二部分是采用了什么现有和自备的工具。这里所指的工具可以是数学工具、计算机软件或程序、仪器设备、材料、样本、场地、现有理论、经验模型、数据库、资料或其他要用到的东西。对于某些工具,需要交代那些与研究结果密切相关的性能（如精度、分辨率等）。例如,仪器设备可能有一些性能参数,而你的研究结果与这些性能参数的好坏相关,那么需要介绍性能参数。具体而言,假设你测量的数据是在某个频率范围,那么仪器设备的测量频率就应该覆盖这个范围。

第三部分是如何使用这些工具以及如何得到结果的。这可能涉及使用工具的步骤或过程、需要注意的细节、遇到关键问题时所采取的策略等。以过程为例,可能是测量、观测、调查、记录、计算、推理、统计、比较、设计等。

第四部分是如何整理数据的。这里所指的数据是一个广义概念。某些情形下可能是数字和表示数字的表格与图形。如果你呈现的结果属于定量型的,那么需要用到数据采集与处理。需要解释数据是如何获得的、如何分析处理这些数据的。比如,如果数据量很大,你需要交代是如何用到软件工具来统计数据或者用图形来表示数据的。定性研究也可能涉及数据采集和处理。有时需要从一堆看上去杂乱无章的数据通过某种数学工具或方法提炼出一些特征(如形态、频率、极值、范围、斜率等)或逻辑或数学关系。

第五部分是对研究方法的合理性和局限性进行说明或论证。例如,有的问题可能涉及与动物和人打交道,因此可能涉及伦理问题,我们是如何避免误差的,这样得到的结果是否可靠等。可以通过重复已知结果或与别的成熟方法的结果进行比较来论证方法是否可靠。有时仅仅需要通过这种比较来说明自己正确掌握了别人的研究方法。

8.2.5　研究结果

如题,研究结果是一篇论文的核心,其水平标志着论文的学术水平或技术创新的程度,是论文的主体部分。总的要求是必须实事求是、客观真实、准确地用说明性材料(图和表)描述主要成果或发现。文字描述要合乎逻辑、层次分明、简练可读。

(1)研究结果的主要内容

①准备阶段。用于将读者从方法引入结果部分:读者会简要地知道如何获得一组特定的结果;读者会被引至显示这些结果的图形,一般通过一句话对子步骤进行描述。

②讲述科学发现的故事,强调重要的发现,突出趋势,并强调意想不到的结果,从逻辑上引导读者得出论文的结论。

(2)研究结果的写作要点

①言简意赅。对实验或观察结果的表述要高度概括和提炼,不能简单地将实验记录数据或观察事实堆积到论文中,尤其是要突出有科学意义和具代表性的数据,而不是没完没了地重复一般性数据。

②避免重复。决定哪些内容纳入结果部分,哪些内容迁移到讨论部分。在结果部分,你只描述结果,一般不作解释。在讨论部分进行解释,并与已知的报道比较,不要重复所有结果。

③对实验或观察结果要客观地评价。你观察到什么? 你发现了什么?

④层次分明。研究结果是表达作者思想观点最重要的部分,为表达清楚,多数研究结果必须分成若干个层次来写。有的研究结果会分成若干个自然段。注意一个自然段只能表述一个中心意思。也可以分成若干个小标题进行分层表述。但不论是分成若干个自然段,还是用小标题进行表述,都要注意层次之间的逻辑关系。

⑤数据表达可采用文字与图、表相结合的形式。如果只有一个或很少的测定结果,在正文中用文字描述即可;如果数据较多,可采用图、表形式来完整、详细地表述,文字部分则用来指出图、表中资料的重要特性或趋势。

⑥一般不解释原始数据。如果论文中还包括独立的讨论部分,应将对研究结果的详细讨论留到该部分。

⑦文字表达应准确、简洁、清楚。避免使用冗长的词汇或句子来介绍或解释图、表。

为简洁、清楚起见,不要把图、表的序号作为段落的主题句,应在句子中指出图、表所揭示的结论,并把图、表的序号放入括号中。

⑧避免赘述。

⑨尽量用均值、百分数等概括原始数据值。

⑩报告数据或统计资料时,应该赋予适当的单位。

8.2.6 讨论

讨论部分是一篇论文的核心部分,也是审稿专家和读者必定关注的部分,也是读者阅读一篇文章的目的,在题目、摘要、前言等部分上的良苦用心均是为了引导读者阅读此部分。所以讨论部分也是向读者和审稿专家展示自己研究水平的部分。

所以,在讨论部分必须明确展示本论文内容的创新性、科学性、实用性。为此,在讨论部分必须完整、详细地解释和描述研究的结论,并对比解释说明本论文所研究内容的科学性和创新性。

鉴于讨论部分的重要性,本节将讨论部分的写作技巧及所要包含的主要内容如下:

(1)描述结论

首先,从专业角度对自己的研究进行总结,此部分务必与研究结果和研究目的保持一致,也就是说讨论部分的内容必须在结果中找到依据。否则就会给人一种课题设计不完善的感觉。

(2)解释结论

对本研究的结论进行解释,为了突出解释的科学性和可靠性,一般是在和别人的研究分析对比中进行解释。列出几篇和自己结论一致的文献,同时也要列出几篇和自己不一致或者相悖的文献,但要解释出不一致的理由,比如是因为所选群体不一致、研究条件不一致等,因为科学研究中的可控变量较多,所以解释两个结论不一致一般不难。

(3)研究价值

结论解释完之后,还要说明本研究的应用价值,也就本研究所能给社会或者临床带来什么实际价值,比如本研究可以进一步明确某种方法治疗某种疾病的效果,本研究发现某种药物存在一些尚未发现的治疗作用,或者本研究可以为相关研究提供参考。

(4)不足之处

任何一项研究由于客观条件的限制,不可能尽善尽美,都会或多或少存在一些不足之处,或者由于当前科技水平的限制,也会导致研究所存在的一些局限性,描述此部分内容时,一定要慎重。

尽量列出一到两个不影响本研究结论科学性和准确性的限制,比如本研究的样本含量较少,或者随访时间较短等,一般不要列出诸如本研究所用统计方法不当,或者本课题的所用评价标准不够成熟等问题。

（5）研究所得

在文章最后要说明本文所要传递的信息，或者是对以后研究的展望。一般文章最后写出本文要传递给读者什么有价值的知识或信息，也可以是给读者带来的启发。

8.2.7 结论

结论的内容应着重反映研究结果的理论价值、实用价值及其适用范围，并可提出建议或展望。也可指出有待进一步解决的关键性问题和今后研究的设想。因此，在结论中一般应阐述：研究结果说明了什么问题及所揭示的原理和规律（理论价值）；在实际应用上的意义和作用（实用价值）；与前人的研究成果进行比较。有哪些异同，作了哪些修正、补充和发展；本研究的遗留问题及建议和展望。当然并不是所有的结论写作都要具备上述内容。作者可根据研究结果的具体情况而定，但这点应是必不可少的，结论的写作要点如下：

①不能模棱两可，含糊其词。用语应斩钉截铁，数据准确可靠，不用"大概""也许""可能是"这类词语，以免有似是而非的感觉，让人怀疑论文的真正价值。

②不能用抽象和笼统的语言。一般不单用量符号，而宜用量名称，比如，不说"T 与 P 成正比关系"而说"××温度与××压力成正比关系"。

③结论不能写成对文中各段小结的简单重复。如果得出的结果的要点在正文没有明确给出，可在结论部分以最简洁易懂的文字写出。

④不要轻率否定或批评别人的结论，也不必作自我评价，如用"本研究具有国际先进水平""本研究结果属国内首创""本研究结果填补了国内空白"等语句来作自我评价。成果到底属何种水平，读者自会评说，不必由论文作者把它写在结论里。

⑤不要出现"通过上述分析，得出如下结论"这样的行文。

总的来说，作者在写结论时，要记得把握好写作内容和注意事项。另外，在写作格式上，要严格按照内容要求分层来写并给以编号，如①②③等，每条成一段。如果结论段内容较少，可以整个为一段，用几句话说明。

8.2.8 附录

附录包含论文的补充信息。对研究论文本身有用，但不是关键结果。可以包括结果的详细数据，图谱、图表等。附录并非包含对正文理解的必需信息，但也许对 SCI 论文中某些观点可以进一步澄清并有利于读者理解论文的内容。附录是对正文某些部分补充的说明，很少用于 SCI 期刊。只是在论文字数受到限制的 SCI 期刊，如 *Nature* 和 *Science* 中才会使用。有些内容不能体现于印刷期刊，如电子视听文件、短录像片、动画等，但可以在互联网上发表。附录的注意事项如下：

①附录资料仍按照正常审稿程序审稿。

②只有正文中提到的才可以列入附录。

③附录里所列材料,可按 SCI 论文表述顺序编排。

④如果你使用多个附录时,应该按数字依顺序排列,即附录Ⅰ、附录Ⅱ等,或附录 1、附录 2 等。

⑤每个附录应该包含不同的材料。

⑥为了避免文件下载困难,视频应不超过 5 MB 的大小和 60 s 的长度。

附　录

附录 1　常用正交实验表（简表）

（1）$L_4(2^3)$

实验号	列号		
	1	2	3
1	1	1	1
2	1	2	2
3	2	1	2
4	2	2	1
组	1	2	

（2）$L_8(2^7)$

实验号	列号						
	1	2	3	4	5	6	7
1	1	1	1	1	1	1	1
2	1	1	1	2	2	2	2
3	1	2	2	1	1	2	2
4	1	2	2	2	2	1	1
5	2	1	2	1	2	1	2
6	2	1	2	2	1	2	1
7	2	2	1	1	2	2	1
8	2	2	1	2	1	1	2
组	1	2				3	

$L_8(2^7)$：二列间的交互作用表

实验号	1	2	3	4	5	6	7
	(1)	3	2	5	4	7	6
		(2)	1	6	7	4	5
			(3)	7	6	5	4
				(4)	1	2	3
					(5)	3	2
	1	2	3			(6)	1

(3) $L_{12}(2^{11})$

实验号	1	2	3	4	5	6	7	8	9	10	11
1	1	1	1	1	1	1	1	1	1	1	1
2	1	1	1	1	1	2	2	2	2	2	2
3	1	1	2	2	2	1	1	1	2	2	2
4	1	2	1	2	2	1	2	2	1	1	2
5	1	2	2	1	2	2	1	2	1	2	1
6	1	2	2	2	1	2	2	1	2	1	1
7	2	1	2	2	1	1	2	2	1	2	1
8	2	1	2	1	2	2	2	1	1	1	2
9	2	1	1	2	2	2	1	2	2	1	1
10	2	2	2	1	1	1	1	2	2	1	2
11	2	2	1	2	1	2	1	1	1	2	2
12	2	2	1	1	2	1	2	1	2	2	1

(4) $L_{16}(2^{15})$

实验号	1	2	3	4	5	6	7	8	9	10	11	12	13	14	15
1	1	1	1	1	1	1	1	1	1	1	1	1	1	1	1
2	1	1	1	1	1	1	1	2	2	2	2	2	2	2	2
3	1	1	1	2	2	2	2	1	1	1	1	2	2	2	2
4	1	1	1	2	2	2	2	2	2	2	2	1	1	1	1
5	1	2	2	1	1	2	2	1	1	2	2	1	1	2	2
6	1	2	2	1	1	2	2	2	2	1	1	2	2	1	1
7	1	2	2	2	2	1	1	1	1	2	2	2	2	1	1

续表

实验号	1	2	3	4	5	6	7	8	9	10	11	12	13	14	15
8	1	2	2	2	2	1	1	2	2	1	1	1	1	2	2
9	2	1	2	1	2	1	2	1	2	1	2	1	2	1	2
10	2	1	2	1	2	1	2	2	1	2	1	2	1	2	1
11	2	1	2	2	1	2	1	1	2	1	2	2	1	2	1
12	2	1	2	2	1	2	1	2	1	2	1	1	2	1	2
13	2	2	1	1	2	2	1	1	2	2	1	1	2	2	1
14	2	2	1	1	2	2	1	2	1	1	2	2	1	1	2
15	2	2	1	2	1	1	2	1	2	2	1	2	1	1	2
16	2	2	1	2	1	1	2	2	1	1	2	1	2	2	1
区组名	1	2			3					4					

$L_{16}(2^{15})$：二列间的交互作用表

实验号	1	2	3	4	5	6	7	8	9	10	11	12	13	14	15
	(1)	3	2	5	4	7	6	9	8	11	10	13	12	15	14
		(2)	1	6	7	4	5	10	11	8	9	14	15	12	13
			(3)	7	6	5	4	11	10	9	8	15	14	13	12
				(4)	1	2	3	12	13	14	15	8	9	10	11
					(5)	3	2	13	12	15	14	9	8	11	10
						(6)	1	14	15	12	13	10	11	8	9
							(7)	15	14	13	12	11	10	9	8
								(8)	1	2	3	4	5	6	7
									(9)	3	2	5	4	7	6
										(10)	1	6	7	4	5
											(11)	7	6	5	4
												(12)	1	2	3
													(13)	3	2
														(14)	1

(5) $L_{20}(2^{19})$

实验号	1	2	3	4	5	6	7	8	9	10	11	12	13	14	15	16	17	18	19
1	1	1	1	1	1	1	1	1	1	1	1	1	1	1	1	1	1	1	1
2	2	2	1	1	2	2	2	2	1	2	1	2	1	1	1	1	2	2	1
3	2	1	1	2	2	2	2	1	2	1	2	1	1	1	1	2	2	1	2
4	1	1	2	2	2	2	1	2	1	2	1	1	1	1	2	2	1	2	2
5	1	2	2	2	2	1	2	1	2	1	1	1	1	2	2	1	2	2	1
6	2	2	2	2	1	2	1	2	1	1	1	1	2	2	1	2	2	1	1
7	2	2	2	1	2	1	2	1	1	1	1	2	2	1	2	2	1	1	2
8	2	2	1	2	1	2	1	1	1	1	2	2	1	2	2	1	1	2	2
9	2	1	2	1	2	1	1	1	1	2	2	1	2	2	1	1	2	2	2
10	1	2	1	2	1	1	1	1	2	2	1	2	2	1	1	2	2	2	2
11	2	1	2	1	1	1	1	2	2	1	2	2	1	1	2	2	2	2	1
12	1	2	1	1	1	1	2	2	1	2	2	1	1	2	2	2	2	1	2
13	2	1	1	1	1	2	2	1	2	2	1	1	2	2	2	2	1	2	1
14	1	1	1	1	2	2	1	2	2	1	1	2	2	2	2	1	2	1	2
15	1	1	1	2	2	1	2	2	1	1	2	2	2	2	1	2	1	2	1
16	1	1	2	2	1	2	2	1	1	2	2	2	2	1	2	1	2	1	1
17	1	2	2	1	2	2	1	1	2	2	2	2	1	2	1	2	1	1	1
18	2	2	1	2	2	1	1	2	2	2	2	1	2	1	2	1	1	1	1
19	2	1	2	2	1	1	2	2	2	2	1	2	1	2	1	1	1	1	2
20	1	2	2	1	1	2	2	2	2	1	2	1	2	1	1	1	1	2	2

(6) $L_{24}(2^{23})$

实验号	1	2	3	4	5	6	7	8	9	10	11	12	13	14	15	16	17	18	19	20	21	22	23
1	1	1	1	1	1	1	1	1	1	1	1	1	1	1	1	1	1	1	1	1	1	1	1
2	1	1	1	1	1	1	1	1	1	1	1	2	2	2	2	2	2	2	2	2	2	2	2
3	1	1	1	1	1	2	2	2	2	2	2	1	1	1	1	1	2	2	2	2	2	2	2
4	1	1	1	2	2	1	1	2	2	2	2	1	1	2	2	2	2	1	1	1	1	2	2
5	1	1	1	2	2	2	2	1	1	2	2	2	2	1	1	2	2	1	1	2	2	1	1
6	1	1	1	2	2	2	2	2	2	1	1	2	2	2	2	1	1	2	1	1	1	1	1
7	1	2	2	1	1	2	2	2	2	1	1	1	1	2	2	2	2	1	1	2	2	1	1
8	1	2	2	1	1	2	2	1	1	2	2	2	2	2	2	2	2	1	1	1	1	2	2

实验号	1	2	3	4	5	6	7	8	9	10	11	12	13	14	15	16	17	18	19	20	21	22	23
9	1	2	2	1	1	1	1	2	2	2	2	2	2	1	1	2	2	2	1	1	1	1	1
10	1	2	2	2	2	2	2	1	1	1	1	1	1	1	1	2	2	2	2	1	1	2	2
11	1	2	2	2	2	1	1	1	2	2	1	1	2	2	1	1	1	1	1	1	2	2	2
12	1	2	2	2	2	1	1	1	1	2	2	1	1	2	2	1	1	2	2	2	2	1	1
13	2	1	2	1	2	1	2	1	2	1	2	1	2	1	2	1	2	1	2	1	2	1	2
14	2	1	2	1	2	1	2	1	2	1	2	2	1	2	1	2	1	2	1	2	1	2	1
15	2	1	2	1	2	2	1	2	1	2	1	1	2	1	2	1	2	2	1	2	1	2	1
16	2	1	2	2	1	1	2	2	1	2	2	1	2	1	1	2	2	1	2	2	1	2	2
17	2	1	2	2	1	2	1	1	2	2	1	2	1	1	2	2	1	1	2	2	1	1	2
18	2	2	1	2	1	2	1	2	1	1	2	2	1	2	1	1	2	2	1	1	2	1	2
19	2	2	1	1	2	2	1	1	2	1	2	1	2	2	1	2	1	1	2	2	1	2	1
20	2	2	1	1	2	2	1	1	2	2	1	2	1	2	1	1	2	1	2	1	2	2	1
21	2	2	1	1	2	1	2	2	1	2	1	2	1	1	2	2	1	2	1	1	2	1	2
22	2	2	1	2	1	2	1	1	2	1	2	1	2	1	2	2	1	1	1	2	2	1	1
23	2	2	1	2	1	1	2	2	1	1	2	2	1	1	2	1	2	1	2	1	2	2	1
24	2	2	1	2	1	1	2	1	2	2	2	1	1	2	2	1	1	2	2	1	2	1	2

(7) $L_9(3^4)$

实验号	1	2	3	4
1	1	1	1	1
2	1	2	2	2
3	1	3	3	3
4	2	1	2	3
5	2	2	3	1
6	2	3	1	2
7	3	1	3	2
8	3	2	1	3
9	3	3	2	1
区组名	1		2	

附录2 常用均匀设计表

$U_5(5^3)$

实验号	1	2	3
1	1	2	4
2	2	4	3
3	3	1	2
4	4	3	1
5	5	5	5

$U_5(5^3)$ 的使用表

s	列号			D
2	1	2		0.310 0
3	1	2	3	0.457 0

$U_6^*(6^4)$

实验号	1	2	3	4
1	1	2	3	6
2	2	4	6	5
3	3	6	2	4
4	4	1	5	3
5	5	3	1	2
6	6	5	4	1

$U_6^*(6^4)$ 的使用表

s	列号				D
2	1	3			0.187 5
3	1	2	3		0.265 6
4	1	2	3	4	0.299 0

$U_8^*(8^5)$

实验号	1	2	3	4	5
1	1	2	4	7	8
2	2	4	8	5	7
3	3	6	3	3	6
4	4	8	7	1	5
5	5	1	2	8	4
6	6	3	6	6	3
7	7	5	1	4	2
8	8	7	5	2	1

$U_8^*(8^5)$的使用表

s	列号				D
2	1	3			0.144 5
3	1	3	4		0.200 0
4	1	2	3	5	0.270 9

$U_9^*(9^5)$

实验号	1	2	3	4	5
1	1	2	4	7	8
2	2	4	8	5	7
3	3	6	3	3	6
4	4	8	7	1	5
5	5	1	2	8	4
6	6	3	6	6	3
7	7	5	1	4	2
8	8	7	5	2	1
9	9	9	9	9	9

$U_9^*(9^5)$的使用表

s	列号				D
2	1	3			0.194 4
3	1	3	4		0.310 2
4	1	2	3	5	0.406 6

$$U_9^*(9^4)$$

实验号	1	2	3	4
1	1	3	7	9
2	2	6	4	8
3	3	9	1	7
4	4	2	8	6
5	5	5	5	5
6	6	8	2	4
7	7	1	9	3
8	8	4	6	2
9	9	7	3	1

$$U_9^*(9^4) \text{ 的使用表}$$

s	列号		D
2	2		0.157 4
3	3	4	0.198 0

$$U_{10}^*(10^8)$$

实验号	1	2	3	4	5	6	7	8
1	1	2	3	4	5	7	9	10
2	2	4	6	8	10	3	7	9
3	3	6	9	1	4	10	5	8
4	4	8	1	5	9	6	3	7
5	5	10	4	9	3	2	1	6
6	6	1	7	2	8	9	10	5
7	7	3	10	6	2	5	8	4
8	8	5	2	10	7	1	6	3
9	9	7	5	3	1	8	4	2
10	10	9	8	7	6	4	2	1

$$U_{10}^*(10^8) \text{ 的使用表}$$

s	列号				D
2	1	6			0.112 5
3	1	5	6		0.168 1
4	1	4	4	5	0.223 6